Anja Jakob

Hundespiele
für zu Hause

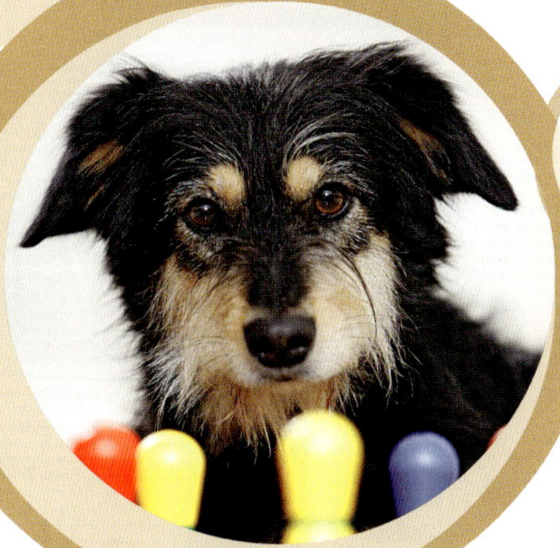

Denksport,
Tricks & Spiele

Inhalt

Drinnen spielen?

Sicher sind Sie und Ihr Hund gerne draußen in der Natur, lieben ausgedehnte Spaziergänge und Beschäftigung im Freien. Es gibt jedoch immer wieder Tage, an denen es schön wäre, wenn auch mal ein kurzer Gassigang ausreichen würde, ohne dass man gleich ein schlechtes Gewissen haben muss. Sei es, weil Sie Handwerker im Haus haben, großer Hausputz angesagt ist, Sie im Büro sitzen und länger arbeiten müssen, mal wieder auf den Paketdienst warten müssen, Sie oder Ihr Hund krank sind und nicht weit laufen können, das Wetter draußen mehr als ungemütlich ist oder …

In diesem Buch finden Sie zahlreiche Ideen und Anregungen, wie Sie Ihren Hund in den eigenen vier Wänden „schnell mal zwischendurch" so auslasten können, dass er danach zufrieden in seinem Körbchen schlummert und Sie mehr Zeit für andere Dinge haben. Natürlich wird Ihr Hund auch nichts dagegen haben, wenn Sie – obwohl Sie täglich lange gemeinsam unterwegs sind – einfach nur zum Spaß ab und an auch zu Hause noch ein wenig mit ihm spielen und tricksen …

Clicker, Markersignal oder Lobwort und Belohnung

Für mich ist das Training über positive Verstärkung mit dem Clicker, Markersignal (wie zum Beispiel ein Zungenschnalzer oder Lobwort) und Leckerlis der effektivste Weg, um Hunde zum Mitdenken und Verstehen anzuregen und ihnen Neues beizubringen. Das Symbol 👍 im Text sagt Ihnen immer, wann Sie Ihrem Hund mittels Clicker, Markersignal oder Lobwort die Rückmeldung geben sollen, dass er jetzt gerade, also in dem Moment, in dem das Click-Geräusch, der Marker oder das Lobwort erklingt, etwas richtig gemacht hat und dafür gleich eine Belohnung bekommt. Dies kann eine Futter-, aber auch eine Spiel- oder sonstige Belohnung sein. Der Vorteil ist, dass man so ein wenig Zeit gewinnt und beim Training kein Futter

in der Hand haben muss. Denn das lenkt die Hunde meist sehr ab und hindert sie am Lernen. Nach der punktgenauen Rückmeldung haben Sie genügend Zeit, um in Ruhe in die Futtertasche zu greifen, damit Ihr Hund das versprochene Leckerli erhält.

Ohne Futter vor der Nase können sich gerade die sehr futterbesessenen Hunde besser auf die jeweiligen Übungen und Lernschritte konzentrieren. Wir Menschen werden ja auch nicht immer direkt belohnt. Oder wedelt Ihr Chef tagtäglich mit Geldscheinen vor Ihrer Nase herum, um Sie zum Arbeiten zu motivieren? Das fänden Sie zwar toll, aber es würde doch sehr ablenken. Auch Sie müssen darauf vertrauen, dass der Lohn für Ihre Arbeit folgt – nur hat Ihr Hund den Vorteil, dass er auf seinen Lohn nicht bis zum Ende des Monats warten muss …

Tipps für Hektiker und Skeptiker

Die Belohnung muss auch nicht immer ein Leckerli sein, sondern kann auch mal ein Spielzeug oder etwas anderes sein, was für Ihren Hund in genau diesem Moment eine Belohnung darstellt. Das kann individuell sehr unterschiedlich sein. Neben einem Lobwort und Leckerlis können Sie Ihren Vierbeiner zur Abwechslung mal mit dem Werfen eines Futterbeutels oder Spielzeugs bestätigen. Vielleicht liebt er es auch, hinter den Ohren, am Popo oder Bauch gekrault zu werden oder mit Ihnen herumzualbern? Bei einigen der Übungen in diesem Buch beschäftigt sich Ihr Hund auch mit Requisiten wie Gummitierchen oder Socken – was für manche Hunde sogar selbstbelohnend ist. Sie möchten in dem Moment oft gar kein Leckerli mehr haben. Sollte Ihr Hund die Gegenstände jedoch gar zu toll finden und nicht mehr hergeben wollen, so tauschen Sie mit ihm gegen sein Lieblings-Spielzeug oder ein sehr hochwertiges Leckerli. Auch wenn Sie etwas Neues, Herausforderndes üben möchten oder einen kleinen Couch-Potatoe haben, der sich nur sehr

▼ Mir ist ja sooooo langweilig ...
Können wir nicht irgendwas tun?

Auf einen Blick

Wie leicht ist die Spielidee umzu-
setzen? Wie zeitaufwändig ist sie?
Wie viel Platz wird benötigt? Diese
Infos finden Sie bei jeder Anleitung.

Zeitaufwand:

 gering

 mittel

 hoch

Schwierigkeitsgrad:

 einfach

 mittel

 anspruchsvoll

Platzbedarf:

 gering

 mittel

 hoch

schwer für neue Übungen begeistern lässt, sollten Sie neben den normalen Leckerlis auch mal mit Käse- oder Fleischwurstwürfeln oder anderen Leckereien belohnen, die er nur sehr selten bekommt.

Der Weg ist das Ziel

Je abwechslungsreicher und überraschender das Training und die jeweiligen Belohnungen gestaltet werden, umso mehr Spaß macht es Ihrem Hund und umso freudiger und schneller lernt er. Es geht bei den Übungen jedoch nicht darum, dass Ihr Hund sie mög- lichst schnell lernen soll, sondern darum, dass Sie möglichst lange gemeinsam viel Spaß haben.

Denksport

Schnelles für zwischendurch

Hunde lieben Denkspiele. Es macht ihnen Spaß, immer wieder neue Herausforderungen zu meistern, um an eine Belohnung zu kommen. Sie werden angeregt mitzudenken und finden kreativ neue Wege, um die gestellten Aufgaben zu lösen. Der Fachhandel bietet inzwischen eine große Auswahl solcher Denkspiele – doch leider sind sie meist recht teuer. Daher möchte ich Sie anregen, sich davon nur inspirieren zu lassen und mit offenen Augen durch Keller, Speicher, Garage oder den Baumarkt zu gehen.

Spiele mit vergleichbaren Mechanismen lassen sich oft schnell und günstig selbst basteln und immer wieder neu gestalten. Die meisten Aufgaben ähneln sich. Die Hunde müssen zum Beispiel etwas zur Seite schieben, anheben, runterdrücken oder daran ziehen, um zum Erfolg zu kommen.

Leckerli-Irrgarten *Suchspiel und Zungengymnastik*

Für wen? *1 Mensch + 1 Hund*

Welche Hilfsmittel? *Pflanztablett, verschiedene Gegenstände*

Voraussetzungen? *Keine*

Die Aufgabe:

Stürmen Sie das nächste Gartencenter und besorgen Sie sich eine Auswahl an Pflanztabletts aus Plastik, in denen normalerweise die Blumentöpfe transportiert werden. Sie bekommen Sie in der Regel kostenlos. Es gibt sie in zahlreichen Varianten, die immer wieder neue Herausforderungen mit sich bringen.

Aufgabe Ihres Hundes ist es, in den Vertiefungen nach Leckerchen zu suchen und diese mit der Zunge herauszufischen. Das ist manchmal gar nicht so einfach, denn einige Pflanztabletts haben Verbindungskanäle, damit sich das Wasser beim Gießen besser verteilt. Dadurch flutschen die Leckerchen beim Versuch, sie herauszuholen, gerne mal ins nächste Abteil.

Je kleiner der Durchmesser der Vertiefungen ist, umso schwerer ist es, die Leckerchen herauszuangeln. Dafür ist es relativ leicht, Gegenstände herunterzuschubsen, die als zusätzliche Schikane obendrauf gelegt werden können. Je größer der Durchmesser der Vertiefungen ist, umso tiefer liegen die Gegenstände darin und sind so schwerer zu entfernen.

Schritt für Schritt:

1. Lassen Sie Ihren Hund mit etwas Abstand zuschauen, während Sie das Tablett mit Leckerchen füllen. Gegebenenfalls binden Sie ihn kurz an oder bitten jemanden, ihn solange festzuhalten.

2. Sollte Ihr Hund das Tablett gruselig finden oder ist es eines seiner ersten Denkspiele, so legen Sie die Leckerchen anfangs auf den Rand, aber auch in einige der Vertiefungen.

3. Stellen Sie das Tablett vor Ihren Hund, halten Sie es mit einer Hand fest und fordern Sie ihn zum Suchen auf.

4. Ermuntern Sie ihn immer wieder und loben Sie ihn mit Ihrer Stimme, wenn er erfolgreich war und ein Leckerchen herausgefischt hat.

5. Im nächsten Schritt verstecken Sie die Leckerlis unter Bällen, Spielzeugen oder Joghurtbechern, die Sie obendrauf legen. Dabei muss nicht unter jedem Gegenstand ein Leckerli liegen. Ihre Schnuffelnase soll ja schließlich auch suchen und sich anstrengen.

6. Steigern Sie den Schwierigkeitsgrad von Mal zu Mal. Sie können schwere Boulekugeln aus Metall nehmen oder Gegenstände, die in den Löchern tiefer drin sitzen – zum Beispiel Muffin-Backförmchen aus Silikon. Schneiden Sie aus einem Schwamm oder Schaumstoffblock runde Scheiben zurecht, die komplett in den Öffnungen verschwinden, oder zerknüllen Sie Zeitungspapier, in das Sie zusätzlich Leckerchen einwickeln.

7. Eine weitere Variante: Verstecken Sie verschiedene Leckereien und finden Sie heraus, welche Ihr Hund am liebsten vernascht.

▶ **Beliebter Klassiker** für Hunde mit wenig Denkspiel-Erfahrung, unsichere Hunde und Welpen. Der Schwierigkeitsgrad ist variabel, Hunde verlieren dabei auch ihre Scheu vor fremden Gegenständen und Geräuschen und kommen schnell zum Erfolg.

▶ **Ridgeback-Dame** Lavita beim Naseneinsatz.

Flaschen kullern *Günstige Alternative zum Futterball*

Die Aufgabe:

Hier muss Ihr Hund einen Weg finden, wie er an die Leckerlis in den Flaschen kommt.

Für wen? *1 Mensch + 1 Hund*

Welche Hilfsmittel? *Leere Plastikflaschen, Nagelschere, scharfes Messer oder Akkubohrer*

Voraussetzungen? *Keine*

Variante: Mehrere Flaschen im Tragekorb mit Leckerlis spicken

Sobald Ihr Hund den Dreh raus hat und die Flasche munter durch Ihre Wohnung kullert, können Sie die Übung schwieriger gestalten. Besorgen Sie weitere Flaschen, die Sie in einen Flaschenkorb stellen. Die Leckerlis verstecken Sie nun sowohl in als auch unter den Flaschen. So hat Ihr Hund viel länger zu tun.

Schritt für Schritt:

1. Bohren Sie in eine leere Plastikflasche mehrere Löcher. Am besten geht das mit einem Akku-Bohrer. Nehmen Sie zuerst einen dünnen und dann einen dickeren Bohrer, damit das Plastik nicht zerspringt. Alternativ können Sie auch ein scharfes Messer oder eine Nagelschere verwenden.
2. Der Durchmesser der Löcher sollte nur wenig größer sein als der Durchmesser der Leckerlis, die Sie verwenden.
3. Die scharfen Kanten glätten Sie entweder mit einem scharfen Messer oder indem Sie kurz die Flamme eines Feuerzeugs an die Löcher halten. Machen Sie dies an der frischen Luft und halten Sie die Flasche hoch und die Flamme von unten senkrecht in das jeweilige Loch, damit es rund bleibt und nicht zu viel Plastik schmilzt.
4. Nun können Sie ein paar Leckerchen in die Flasche geben und den Deckel wieder draufschrauben – Ihr Hund ist sicher schon ganz gespannt.
5. Stellen oder legen Sie die Flasche nun vor Ihren Hund und warten Sie, was er macht.
6. Sollte er versuchen hineinzubeißen, nehmen Sie ihm die Flasche postwendend wieder weg und sagen Sie traurig „Schade!". Nach ein paar Sekunden geben Sie sie ihm wieder.
7. Sollte er wieder hineinbeißen wollen, halten Sie die Flasche fest und zeigen Sie sie Ihrem Hund. Solange er sie vorsichtig beschnuppert, mit der Nase anstupst oder pfötelt, loben Sie ihn.
8. Legen Sie sie dann erneut auf den Boden. Schon bald wird er verstehen, dass er die Flasche nur anstupsen soll, damit die Leckerlis rauspurzeln.

▶ **Australian** Shepherd-Welpe Trudy erkundet das neue Spielzeug.

Hütchenspiele *mal anders*

Die Aufgabe:

Ihr Hund soll Pylonen, Trink- oder Joghurtbecher lupfen, um an seine Belohnung zu kommen.

Für wen? *1 Mensch + 1 Hund*

Welche Hilfsmittel? *Zum Beispiel Becher und Schälchen aus Kunststoff, kleine Pylonen etc.*

Voraussetzungen? *Keine*

▲ Schwuppdiwupp – weg das Ding!

Schritt für Schritt:

1. Spielen Sie zunächst das klassische Hütchenspiel. Dazu verstecken Sie ein Leckerli unter einem von drei umgedrehten Bechern. Diese verschieben Sie dann geheimnisvoll vor Ihrem gespannt zuschauenden Glücksspieler, bevor er mit der Suche beginnen darf.

2. Jetzt wird es schwerer – nehmen Sie einen Becher in die Hand und lassen Sie ein Leckerchen hineinplumpsen. Halten Sie ihm das Gefäß in Ihrer Hand hin, sodass er versuchen kann, es mit seiner Zunge herauszufischen. Ihr Hund hat sicher eine seeehr lange Zunge ... Lassen Sie ihn ruhig eine Weile probieren. Wenn es gar nicht geht, weil die Nase einfach zu dick ist, suchen Sie nach einem passenderen Gefäß.

3. Im nächsten Schritt muss er zunächst etwas entfernen, bevor Ihr Vierbeiner an sein Leckerchen kommt. Dazu legen Sie einen zweiten Becher oben quer auf den anderen, in dem sich wieder ein Leckerli befindet. Diese Aufgabe hat er sicher ganz schnell gelöst.

4. Nun legen Sie wieder ein Leckerli in den Becher und stecken einen zweiten Becher hinein, sodass nur noch ein schmaler Rand oben herausschaut. Ihr Tüftler muss nun einen Weg finden, den oberen Becher zu entfernen. Manche schubsen ihn mit der Nase weg, nehmen ihn sanft mit den Zähnen heraus oder angeln mit den Pfötchen. Halten Sie den unteren Becher auf jeden Fall gut fest.

5. Überlegen Sie sich weitere Herausforderungen – zum Beispiel zwei Nudelsiebe, Schüsseln oder zwei Pylonen übereinander.

▼ Sandy – eine begeisterte Hütchenspielerin.

Leckerli-Mikado *Da guckst du in die Röhre*

Die Aufgabe:

In welcher der Röhren verstecken sich Leckerlis und wie kommt Ihr Hund da ran?

Für wen? *1 Mensch + 1 Hund*

Welche Hilfsmittel? *Kabelkanäle aus dem Baumarkt, Abflussrohrstücke oder Joghurtbecher*

Voraussetzungen? *Keine*

Variante für Profischnüffler

Stellen Sie mehrere Becher, die sie mit Leckerchen spicken, in eine Kiste. Besonders gut eignen sich kurze Abflussrohrstücke aus dem Baumarkt, die Sie an einem Ende mit einem passenden Stopfen verschließen. Sie sind stabiler, splittern nicht und haben eine schmalere Öffnung als Joghurtbecher, sodass Ihr Schnuffel sie aus der Kiste herausholen und kullern muss, damit die Leckerchen herausfallen.

Schritt für Schritt:

1. Im Baumarkt erhalten Sie Kabelkanäle mit verschiedenen Durchmessern – je nachdem, wie dick Ihre Leckerlis sind.

2. Sägen Sie die Kabelkanäle in kurze und längere Stücke. Alternativ können Sie auch Abflussrohrstücke nehmen, die es gleich in verschiedenen Längen und Formen gibt.

3. Beginnen Sie mit einem sehr kurzen Stück, in das Sie ein Leckerli legen – es muss leicht herausrollen können, damit Ihr Hund keinen Grund hat, das Röhrchen zu zerbeißen. Sollte er dies dennoch versuchen, nehmen Sie es ihm kurz weg und sagen „Schade!".

4. Geben Sie es ihm wieder und solange er es nur mit der Nase oder den Pfoten bearbeitet, kullert oder an einer Seite sanft mit den Zähnen hochhebt, loben Sie ihn mit Ihrer Stimme.

5. Klappt es mit dem kurzen Röhrchen, nehmen Sie nach und nach weitere und immer längere Stücke mikado-artig hinzu.

6. Je länger die Röhren sind, umso kniffliger wird es. Wenn Sie eine in Falten gelegte Decke unter die Röhren legen, rollen Röhren und Leckerlis nicht so leicht weg und die Leckerlis purzeln zudem lautlos heraus.

7. Noch schwieriger können Sie es machen, wenn Sie das eine Ende der Röhren mit einem Stückchen Küchenpapier verstopfen. So können die Leckerlis nur an einem Ende herausfallen oder Ihr Nasenkünstler muss zuerst das Papier herauszupfen.

8. Verstecken Sie auch mal verschiedene Sorten von Leckerlis in den Röhren und schauen Sie, welche Ihr Gourmet bevorzugt und als erstes sucht.

9. Dieses Spiel macht auch Kindern riesigen Spaß.

▶ Phoebe wundert sich: „Da muss es doch irgendwo sein?"

Flaschendrehen *Nix für Flaschen*

Die Aufgabe:

Die Flasche am Stab mit der Schnauze oder den Pfoten drehen, sodass ein Leckerli herausfällt.

Für wen? *1 Mensch + 1 Hund*

Welche Hilfsmittel? *Leere, stabile Plastikflasche, scharfes Messer oder Akkubohrer, Kochlöffel oder Stab*

Voraussetzungen? *Keine*

Schritt für Schritt:

1. Bohren Sie (wie auf Seite 10 beschrieben) zwei Löcher in die obere Hälfte der Plastikflasche und stecken Sie den Kochlöffel oder Stab hindurch.

2. Der Schwerpunkt der Flasche sollte also unten liegen und der Flaschenhals zeigt immer nach oben.

3. Hat Ihr Schlaumeier bereits mehrere Denkspiele erfolgreich gemeistert, halten Sie ihm die Flasche am Stab einfach vor die Nase, lassen vor seinen Augen ein Leckerli hineinplumpsen und warten, was ihm so einfällt, um die neue Aufgabe zu lösen.

4. Beißen in den Flaschenhals quittieren Sie mit „Schade!" und halten die Flasche kurz weg von ihm.

5. Natürlich könnten Sie Ihrem Hund auch helfen. Doch es soll ja ein Denkspiel sein. Daher geht es nicht darum, dass er es möglichst schnell lernt. Lassen Sie ihn ausprobieren – umso mehr Freude haben Sie beide daran!

6. Ansonsten könnten Sie jede Aktion Ihres Hundes, die prinzipiell zum Erfolg führen würde, bestärken, indem Sie ihn loben und die Flasche selbst kippen, damit das Leckerchen herauspurzelt. Zu Beginn belohnen Sie schon jedes leichte Anstupsen mit der Nase oder halten die Flasche mit einer Hand waagerecht und die andere oben drüber und animieren ihn so zum „Pfote geben" (siehe Seite 20 und 46/47). Ziehen Sie ihre Hand dann schnell weg, sodass er die Flasche trifft.

7. Von Mal zu Mal erwarten Sie von Ihrem pfiffigen Vierbeiner nun, dass er sich mehr anstrengt, indem er fester stupst oder zwei-, dreimal mit der Pfote auf die Flasche patscht, bevor Sie sie für ihn umdrehen. Bald kann er es ganz alleine.

▲ Schäfer-Mix **Perle** hat den Dreh raus.

▶ **Gleich** kommt's geflogen ...

**Was tun, wenn mein Hund Angst vor der Flasche
und ihren Geräuschen hat?**

Halten Sie die Flasche mit einer Hand zunächst ohne Stab waagerecht vor
Ihren Hund und legen ein Leckerli in den Flaschenhals. Jedes Mal, wenn
er sich etwas näher an die Flasche traut, lassen Sie eines herauspurzeln.
Bald traut er sich dann auch, vorsichtig mit der Zunge direkt an der Flasche
danach zu fischen oder mit der Nase dagegen zu stupsen.

Fliegende Untertassen *und Leckerlis*

Die Aufgabe:

Aus einer Flasche muss Ihr Hund mehrere Täfelchen herausziehen, damit das Leckerli unten herausfällt.

Für wen? *1 Mensch + 1 Hund*

Welche Hilfsmittel? *Plastikflasche, Laubsäge, Küchenmesser, Platz-Set, Schere, Stift, Papier*

Voraussetzungen? *Keine*

Schritt für Schritt:

1. Sägen Sie in eine stabile Plastikflasche jeweils bis zur Mitte mehrere Schlitze und glätten Sie die scharfen Kanten mit einem Küchenmesser.
2. Schieben Sie ein Stück Papier in den Schlitz und zeichnen mit dem Stift den Halbkreis der Flasche nach. Mit Hilfe dieser Schablone schneiden Sie nun passende Tafeln aus dünner Pappe oder einfachen Plastik-Platz-Sets zurecht.
3. Werfen Sie ein Leckerli in die Flasche und schieben zunächst nur eine der Tafeln in die Flasche. Diese drehen Sie dann um und halten sie Ihrem Hund vor die Nase.
4. Lassen Sie ihn ausprobieren, was er diesmal tun muss – vielleicht kommt er mit der Zeit ganz alleine auf die Lösung des Problems. Zu rabiates Verhalten wird wieder mit „Schade!" unterbrochen.
5. Helfen können Sie, indem Sie ihm ein Signal wie „Nimms", „Bring" oder „Zieh" geben (siehe Seite 30).
6. Eine weitere Möglichkeit wäre, eine der Tafeln auf einen Hocker zu legen, sodass sie etwas über den Rand der Sitzfläche hinausragt und sie sich dann bringen zu lassen. Stecken Sie sie erneut in die Flasche, halten ihm beides hin und sagen nochmal „Bring".
7. So langsam wird ihm dämmern, was sie von ihm wollen – versuchen Sie es nun erneut mit einem Leckerchen und einer Tafel in der Flasche. Sobald es klappt, nehmen Sie weitere Tafeln hinzu.
8. Lassen Sie ihn am oberen Ende beginnen, sodass das Leckerli bei jeder herausgezogenen Tafel eine Etage nach unten plumpst, das steigert die Spannung.

◄ **Wart' nur – ich krieg' Dich!**

▶ **Zug um Zug** zum Ziel.

Surprising Tubes *Die überraschenden Röhren*

Für wen? *1 Mensch + 1 Hund*

Welche Hilfsmittel? *Materialien und Hilfsmittel in der Bauanleitung*

Voraussetzungen? *Keine*

Die Aufgabe:

Dieses Spiel ist etwas aufwendiger nachzubauen. Aufgabe Ihres Vierbeiners ist es, die Abflussrohre in dem Gestell herunterzudrücken und eine Weile ruhig unten zu halten, bis ein Leckerli oder Ball herausrollt. Die Röhre kann er dabei mit der Nase oder mit den Pfoten herunterdrücken. Es reicht jedoch nicht, sie nur anzustupsen oder mit dem Pfötchen einmal kurz draufzupatschen. Denn das Leckerli braucht eine Weile, bis es zum Ausgang gerollt ist. Lässt Ihr Hund die Röhre erwartungsfroh wieder los, sobald das Leckerli anfängt zu kullern, schnellt die Röhre zurück nach oben und das Leckerli rollt ans untere Ende zurück. Dort sind die Röhren verschlossen. Durch das Geräusch, das dabei entsteht, lässt er sich vielleicht auch irritieren und läuft auf die andere Seite, wo er das Leckerli aber natürlich vergeblich sucht.
Bevor Sie mit diesem Spiel beginnen, haben Sie mit Ihrem Hund sicher schon andere Denkspiele aus diesem Buch ausprobiert. Helfen ist also eigentlich nicht notwendig. Er wird früher oder später auf des Rätsels Lösung kommen, wie der Mechanismus diesmal funktioniert. Und nachdem Sie so lange gebastelt haben, sollte doch auch Ihr Hund möglichst lange Freude am Tüfteln haben, oder etwa nicht?

Schritt für Schritt:

Unter folgendem Link finden Sie eine ausführliche bebilderte Bauanleitung, mit deren Hilfe Sie die Surprising Tubes ganz einfach nachbauen können, ohne handwerkliches Geschick haben zu müssen: *www.clickntrick.de/surprising-tubes.pdf.* Sie können natürlich auch selbst kreativ werden und ein eigenes Modell entwerfen.

1. Sobald alles fertig ist, soll Ihr Hund zuschauen, wie Sie Leckerlis oder seinen Ball in den Röhren verschwinden lassen. Und dann ist er am Zuge. Lassen Sie ihn einfach mal machen.
2. Er wird seinen Grips schon anstrengen und viel Freude am Ausprobieren haben. Denn bei den bisherigen Spielen gab es am Ende ja auch immer eine Belohnung. Es macht Ihrem Hund sicher auch viel mehr Freude, wenn er von ganz alleine auf die Lösung gekommen ist – ohne Hilfe. Das geht uns Menschen ganz genauso.
3. Nachdem Ihre schlaue Fellnase nun herausgefunden hat, dass man die Röhre nur lange genug unten halten muss, bis das Leckerchen herauskullert, können Sie es schwerer machen. Überlegen Sie sich neue Herausforderungen. Verstecken Sie zum Beispiel wieder ein Leckerchen in einer Röhre und verstopfen Sie diese anschließend mit zusam-

▶ Plopp – „Ich höre es,
ich rieche es, ... aber wie
komme ich da nur ran???"

mengeknülltem Küchenpapier, einem Schwamm, einer Socke oder einem Dummy an einem Seil, das noch ein Stückchen aus der Röhre herausschaut. Ihr Hund wird wieder freudig die Röhre nach unten drücken und sich wundern, warum diesmal nichts herauskommt. Er muss nun herausfinden, warum, und lernen, dass zuerst die Verstopfung beseitigt werden muss und erst dann durch erneutes Herunterdrücken der Röhre die verdiente Belohnung ans Tageslicht kommt.

4. Eine weitere Variante wäre, Ihren Hund dazu zu animieren und ihn dahingehend zu fördern, dass er ganz bewusst ein anderes Verhalten zeigt, als er es von sich aus tun würde. Möchte Ihr Hund die Röhren mit seiner Schnauze herunterdrücken, üben Sie mit ihm ganz gezielt, es zukünftig auf ein entsprechendes Signal hin mit der Pfote zu tun.

5. Lassen Sie Ihren Hund dazu vor der Röhre „Sitz" machen, halten Sie Ihre Hand genau über das obe-

re Ende der Röhre und fordern Sie ihn auf, Ihnen die Pfote zu geben (siehe Seite 46/47). Sobald seine Pfote Ihre Hand berührt 👍, das heißt, Sie loben ihn und geben ihm ein Leckerli aus Ihrer anderen Hand. Beim nächsten Mal ziehen Sie, sobald Ihr Hund mit der Pfote in Richtung Ihrer Hand zielt, diese geschickt zurück, sodass er stattdessen mit seiner Pfote die Röhre berührt. Belohnen Sie ab jetzt nur noch dieses neue Verhalten – das bisherige Anstupsen mit der Nase ignorieren Sie.

6. Wenn Sie dagegen einen kleinen Schläger-Typen haben, der auf den Röhren jedes Mal mit den Pfoten herumtrommelt, bringen Sie ihm bei, die Röhren auf Ihr Signal „Stups" ab jetzt nur noch mit der Nasenspitze herunterzudrücken (siehe Seite 42).

7. Die meisten Hunde fasziniert das Spiel jedes Mal aufs Neue, auch wenn sie das Prinzip schon lange verstanden haben.

3, 2, 1, ... deins –
Apportierspiele

Apportierspiele zählen zu den beliebtesten Beschäftigungen mit unseren Hunden. Manche Hunde bieten es von sich aus an – andere müssen es erst lernen. Meist sind wir Menschen jedoch recht einfallslos und es bleibt bei „such und bring das Bällchen". Viele Hunde freuen sich riesig, wenn man ihnen etwas wirft, aber sie bringen es deswegen noch lange nicht jedes Mal zurück ...

In diesem Kapitel erfahren Sie unter anderem, wie Sie Ihrem vierbeinigen Begleiter beibringen, dass er Ihnen Spielzeuge zuverlässig zurückbringt und in Ihre Hand legt. Weitere Ideen, bei denen das Bringen von Gegenständen im Mittelpunkt steht, finden Sie im Kapitel „Kinderspiele mit Hund neu entdeckt".

Meins oder deins? *Bring's mir bitte!*

Für wen? *1 Mensch + 1 Hund*

Welche Hilfsmittel? *Apportiergegenstände*

Voraussetzungen? *Keine*

Die Aufgabe:

Ihr Hund soll lernen, Ihnen Gegenstände zuverlässig in die Hand zu geben. Dabei muss man unterscheiden: Es gibt zum einen Hunde, die bisher noch gar nicht apportieren, und zum anderen Hunde, denen man zwar ein Apportel werfen kann, die damit aber nicht wiederkommen oder es nicht abgeben wollen. Sie rennen freudig hinterher, nehmen den Gegenstand, kauen darauf herum und fordern ihren Zweibeiner immer wieder zu einem Zerrspiel auf oder weichen zurück, sobald man ihnen das Spielzeug abnehmen möchte.

Nimmt Ihr Hund bisher gar nichts oder nur sehr ungern etwas ins Maul, müssen Sie ein Objekt aus einem Material finden, das Ihrem Hund möglichst angenehm ist. Dabei spielen Größe, Material und auch die Form eine Rolle – probieren Sie verschiedene aus: Gummi, Stoff, Plüsch, Holz, groß, klein, dick, dünn oder möglichst leicht.

Haben Sie dagegen das Problem, dass Ihr Hund vor lauter Freude mit den Gegenständen nur herumalbert, dann wählen Sie einen Gegenstand, den er deutlich weniger toll findet. Also statt seinen Lieblingsspielzeugen zum Beispiel ein Metall-Apportel, das kann auch ein Löffel sein.

Schritt für Schritt:

1. Halten Sie Ihrem Hund den gewählten Gegenstand vor die Schnauze und sagen Sie „Nimm's". Er wird eventuell gleich daran schnuppern oder knabbern. Sie können auch etwas Leberwurst daran schmieren.

2. Immer, wenn er den Gegenstand berührt: 👍. Dabei erwarten Sie von Mal zu Mal mehr Aktion von Ihrem Hund, bis er seine Zähne ganz darum legt. Sollte Ihr Hund bisher noch gar nicht apportieren, kann es mehrere Trainingseinheiten dauern, bis er den Gegenstand jedes Mal kurz ins Maul nimmt, wenn Sie ihn ihm hinhalten.

Trainer-Tipps:

○ Sollte Ihr Hund dazu neigen, auf dem Gegenstand herumzukauen oder Ihnen immer wieder Zerrspiele damit anzubieten statt ihn ruhig abzugeben, dann üben Sie mit ihm zunächst „Pattex".

○ Dazu setzen Sie sich seitlich neben ihn und legen Ihre offene Hand zunächst ganz kurz unter sein Kinn = 👍. Wenn Sie sich frontal vor ihn hinsetzen, könnte er es mit der Übung Pfötchen geben verwechseln. Jedes Mal versuchen Sie Ihre Hand ein bisschen länger unter seinem Kinn zu lassen. Am besten geht das, wenn Sie ihm Leckerchen geben, solange Ihre Hand noch unter dem Kinn ruht – sagen Sie dazu immer wieder „Pattex". Nach einigen Wiederholungen versuchen Sie, Ihre Hand nach der Leckerligabe drei Zentimeter tiefer zu halten. Rutscht er mit dem Kinn nach und sucht wieder den Kontakt zu Ihrer Hand? Bingo! Schlauer Hund und natürlich 👍. Im nächsten Schritt üben und sagen Sie „Pattex", legen Ihre Hand unter sein Kinn und legen ihm mit

▶ **Merlin** übt „Pattex" – und dabei einen Gegenstand ruhig im Maul zu halten.

der anderen ein Apportel ins Maul. Er kann nicht gleichzeitig sein Kinn in ihre Hand drücken und auf dem Gegenstand kauen oder anderen Quatsch machen.

○ Vielen Hunden fällt es leichter oder macht es einfach mehr Spaß, wenn mehrere Apportiergegenstände im Spiel sind und sie diese nicht direkt in Ihre Hand abgeben müssen. Probieren Sie mal die folgende Übung aus. Dazu brauchen Sie zwei Gummitier-Familien, die Sie in Babyspielzeug-Abteilungen in vielen Farben und Formen finden.

○ **Variante:** Entchen und Frösche farblich zuordnen: Die Gummitier-Familien eignen sich wunderbar zum Apportieren. Sie können Ihrem Hund damit auch das Unterscheiden von Farben beibringen. Halten Sie ihm zu Beginn, je nachdem, mit welchem der kleinen Tierchen er kommt, das zugehörige große hin (siehe Seite 22). Später muss er selbst entscheiden und richtig zuordnen, um eine Belohnung von Ihnen zu bekommen.

3. Halten Sie den Gegenstand dabei fest in der Hand. Immer, wenn er seine Zähne kurz um den Gegenstand legt, sagen Sie Ihr Lobwort und sofort wieder „Aus" und 👍. Loben Sie ihn und geben Sie ihm ein Leckerli. Wenn dies attraktiv genug ist, wird auch ein sehr apportierfreudiger Hund den Gegenstand gerne wieder loslassen.

4. Geben Sie ihm den Gegenstand erneut, lassen ihn kurz los und halten Ihre Hand sofort unter sein Kinn. Sagen Sie „Aus" und wenn er ihn ausspuckt: 👍.

5. Legen Sie den Gegenstand nun vor sich auf den Boden, sagen Sie „Nimm's" und „Bring's" und halten Ihre Hand ganz ruhig in die Nähe.

6. Sobald dies klappt, legen Sie das Apportel immer ein Stückchen weiter weg. Landet es beim Bringen nicht gleich direkt in Ihrer Hand, helfen Sie ihm, indem Sie ihm mit der Hand ein Stückchen entgegenkommen. 👍 gibt es bald nur noch, wenn er Ihnen den Gegenstand in die Hand gelegt hat. Erst wenn dies zuverlässig klappt, können Sie den Gegenstand auch mal werfen.

Hochstapler *Eins geht noch!*

Die Aufgabe:

Ihr Hund soll verschiedene Gegenstände geschickt aufeinander stapeln.

Für wen? *1 Mensch + 1 Hund*

Welche Hilfsmittel? *Gegenstände zum Stapeln*

Voraussetzungen? *Apportieren (siehe Seite 24/25)*

◄ **Phoebe** stapelt Müslischalen.

Schritt für Schritt:

1. Nehmen Sie mehrere Objekte, die sich ineinander stapeln lassen. Zum Beispiel Trinkbecher, Müslischalen, Aufbewahrungsbehälter … Je nach Form ist dies für Ihren Stapelkünstler einfacher oder schwieriger.

2. Geben Sie Ihrem Hund eins davon und bitten Sie ihn, es Ihnen in die Hand zu geben.

3. Halten Sie diesen Gegenstand fest und geben Sie ihm einen zweiten zum Apportieren.

4. Diesen soll er nun auf den Gegenstand in Ihrer Hand legen. Seien Sie mit Ihrer Hand dabei anfangs etwas entgegenkommend und halten Sie sie so hin, dass Ihr Hund es möglichst einfach hat und der Gegenstand mühelos in den bereits in Ihrer Hand liegenden gleitet.

5. Von Mal zu Mal halten Sie Ihre Hand ruhiger und Ihr Vierbeiner muss sich mehr anstrengen. Trifft er nicht genau und der Gegenstand purzelt herunter, fordern Sie ihn auf, es noch mal zu probieren. Sollte es beim zweiten Mal wieder nicht klappen, fordern Sie ihn erneut auf, helfen diesmal aber etwas nach, damit er spätestens beim dritten Anlauf Erfolg hat = 👍.

6. Variieren Sie: Schwieriger wird es mit eckigen Gegenstände oder einem Stapelturm für Kleinkinder.

7. Lassen Sie Ihren Hund Gegenstände statt in Ihre Hand auf andere Gegenstände – zum Beispiel eine umgedrehte Schüssel – stapeln. Nach dem Prinzip der Kinderspiele: „Packesel" oder „Jenga", bei denen möglichst viele Hölzchen aufeinander gestapelt werden müssen und keines herunterfallen darf.

▶ Gar nicht so einfach –
aber Mogli macht das toll!

Ich packe *in mein Körbchen*

Die Aufgabe:

Ihr Hund lernt, sein Spielzeug aufzuräumen und ein Körbchen zu tragen.

Für wen? *1 Mensch + 1 Hund*

Welche Hilfsmittel? *Korb, mehrere kleine Apportiergegenstände*

Voraussetzungen? *Apportieren (siehe Seite 24/25)*

Ein Körbchen tragen

Üben Sie zunächst nur das Tragen des leeren Körbchens. Halten Sie Ihrem Hund dazu den Griff des Körbchens hin, wie bei der Übung „Meins oder deins?" auf Seite 24/25. Stellen Sie es dann vor sich und lassen es sich in die Hand geben. Danach stellen Sie es einen Meter entfernt auf den Boden und bitten Ihren Hund, es Ihnen zu bringen. Erst dann üben Sie das Tragen mit Gegenständen darin.

Schritt für Schritt:

1. Anfangs lassen Sie Ihren Hund einen der Gegenstände in Ihre Hand apportieren = 👍.
2. Im nächsten Schritt nehmen Sie das Körbchen, in das Ihr Hund die Gegenstände legen soll, in eine Hand.
3. Halten Sie die andere Hand mit der Handfläche nach oben über die Öffnung des Körbchens und lassen Sie ihn den Gegenstand in Ihre Hand legen = 👍.
4. Beim nächsten Mal ziehen Sie genau in dem Moment, in dem Ihr Hund den Gegenstand auf Ihre Hand legen will, diese ein Stückchen beiseite, sodass der Gegenstand in das Körbchen plumpst = 👍.
5. Schon bald werden Sie ihm statt Ihrer Hand nur das Körbchen entgegenhalten müssen und er legt die Gegenstände dort hinein.
6. Es klappt nicht gleich? Vielleicht liegt es daran, dass Ihr Hund gerade erst apportieren gelernt hat und Ihnen den Gegenstand unbedingt in die Hand drücken möchte? Es kann auch sein, dass er sich vor dem Körbchen anfangs gruselt. Dann üben Sie zunächst die Übung „Versteck dich" (siehe Seite 58).
7. Nachdem er separat gelernt hat, auf Ihr Signal „Versteck dich" seine Nase in das Körbchen zu stecken, kombinieren Sie die beiden Übungen. Lassen Sie ihn einen Gegenstand apportieren und wenn er auf dem Weg zu Ihnen ist, halten Sie ihm das Körbchen entgegen, sagen „Versteck dich" und sobald er mit dem Gegenstand darin abtaucht, folgen „Aus" und 👍.

▶ **So macht Aufräumen auch Ihren Kindern Spaß.**

Such & bring *dreidimensional*

Die Aufgabe:

Einen Gegenstand mit Hilfe eines Seiles mit den Pfoten oder Zähnen heran- oder herunterziehen.

Für wen? *1 Mensch + 1 Hund*

Welche Hilfsmittel? *Apportiergegenstand, Ziehspielzeug, dünne Schnur*

Voraussetzungen? *Keine*

Mein Hund zergelt nicht und zieht daher auch nicht am Seil. Was tun?

Leinen Sie Ihren Hund als Vorübung mit einem Geschirr am Treppengeländer oder Heizungsrohr an. Legen Sie ein mit Futter gefülltes Mäppchen, das Ihr Hund unbedingt haben will, und das Seil in einem Bogen knapp vor ihn. So, dass er, wenn er anfängt, danach zu pföteln, nur das Seil erhaschen und damit den Beutel heranziehen kann.

Schritt für Schritt:

1. Diese Übung kann ein Apportier-, aber auch ein Denkspiel sein (siehe Kasten).

2. Üben Sie mit Ihrem Vierbeiner zunächst das Signal „Zieh".

3. Nehmen Sie dazu einen Gegenstand, mit dem Sie mit ihm ein Zergelspiel machen können.

4. Immer, wenn Ihr Hund den Gegenstand mit den Zähnen festhält und versucht, ihn von Ihnen wegzuziehen, benennen Sie dieses Verhalten mit „Zieh" und loben ihn mit Ihrer Stimme.

5. Immer wenn Sie an dem Gegenstand ziehen, sagen Sie nichts.

6. Wenn dies mit dem Ziehspielzeug gut klappt, versuchen Sie es auch mit immer dünneren Seilen.

7. Binden Sie jetzt eine lange dünne Schnur an ein Objekt, das Ihr Hund gerne haben möchte – zum Beispiel an sein Lieblingsspielzeug, ein mit Futter gefülltes Mäppchen oder einen Futterdummy.

8. Legen Sie dieses Objekt nun so hoch, dass Ihr Hund es nicht erreichen kann – nur die herunterhängende Schnur. Zum Beispiel auf einen Schrank, oben auf die geöffnete Tür oder die Gardinenstange. Es muss aber zum Temperament Ihres Hundes passen, denn er soll ja nicht Ihre Einrichtung demolieren.

9. Halten Sie ihm das Seil vor die Nase und fordern Sie ihn mit „Zieh" auf, daran zu ziehen.

10. Sobald es heruntergefallen ist, lassen Sie es sich bringen und belohnen ihn.

11. Schwieriger wird es, wenn er nicht weiß, wo Sie es versteckt haben und er das Objekt sowie das helfende Seil in Ihrer Wohnung erst suchen muss.

▲ **Malouk** lernt während des Zergelspiels ganz nebenbei das Signal „Zieh".

▼ **Mogli** hat das Seil in der Wohnung gefunden. Nun muss er nur noch daran ziehen – und schon kommt die Belohnung geflogen.

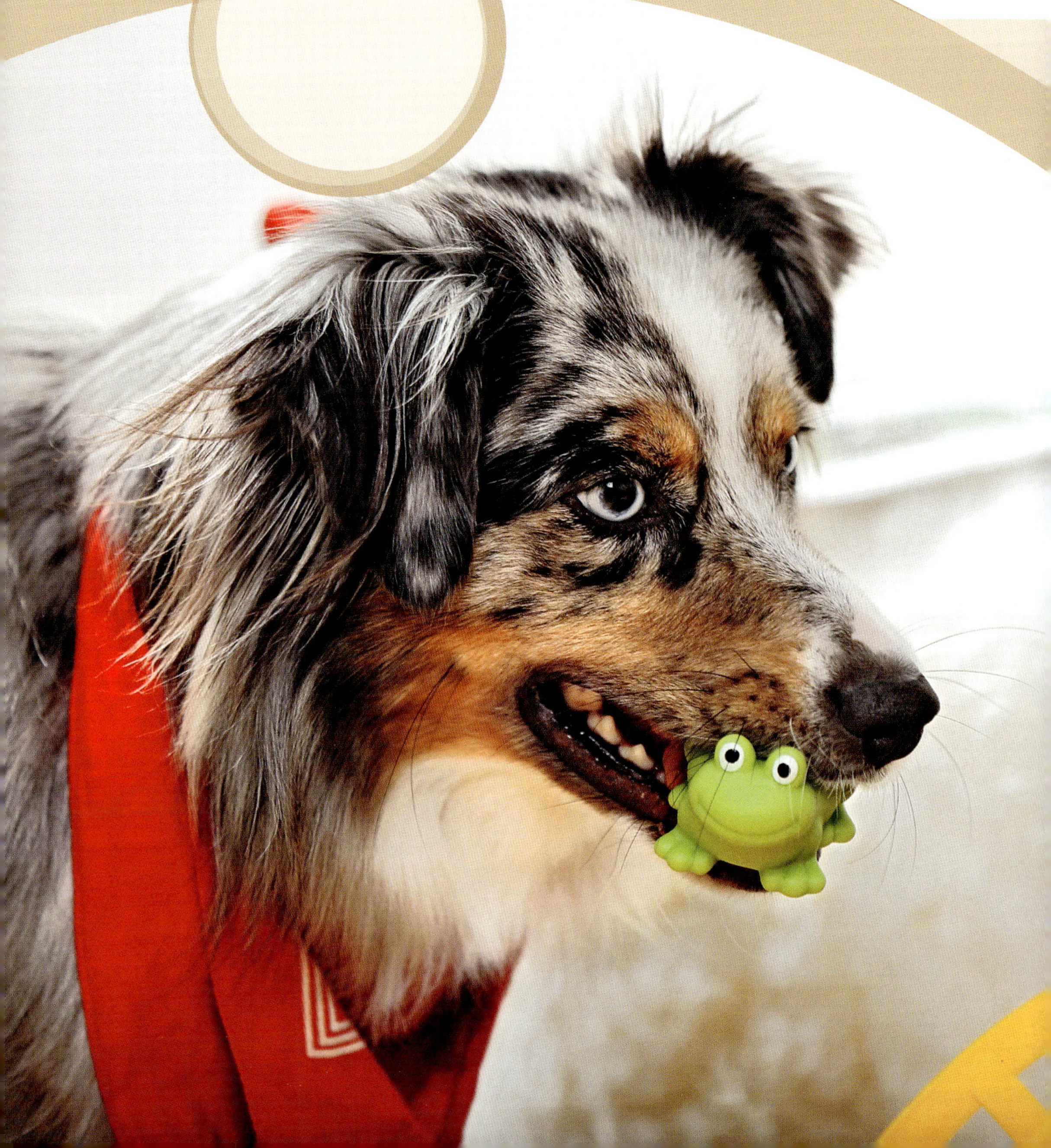

Kinderspiele
mit Hund neu entdeckt

Babyspielzeug und viele Kinderspiele eignen sich auch prima zur Beschäftigung unserer Hunde. Sie fordern sie motorisch genauso wie die zweibeinigen Zwerge. Alles, was Kleinkinder mit den Händen greifen können, können Hunde auch gut ins Maul nehmen. Zudem sollte Babyspielzeug frei von ungesunden Weichmachern sein, Hundespielzeug leider nicht immer.

Sie müssen natürlich nicht alles neu kaufen. Gehen Sie mit offenen Augen über den Flohmarkt und Kindersachenbasare, durchstöbern Sie Speicher, Keller oder die Garage oder fragen Sie in Ihrem Freundeskreis nach ausgedientem Kinderspielzeug. Ihnen fallen damit bestimmt noch weitere lustige Spiele ein, die Sie mit Ihrem Hund kreativ neu entdecken können.

Ballfangbecher *Leckerli-Schleuder & Bring-Spiel*

Die Aufgabe:

Beliebtes Kinderspiel, von dem auch Ihr Hund begeistert sein wird!

Für wen? *1 Mensch + 1 Hund*

Welche Hilfsmittel? *Ballfangbecher*

Voraussetzungen? *Apportieren (siehe Seite 24/25)*

Schritt für Schritt:

1. Testen Sie, ob Ihr Hund Angst vor dem Klick-Geräusch des „Auslösers" hat, indem Sie ihn zunächst hinter Ihrem Rücken betätigen.
2. Zeigen Sie ihm dann, wie Sie ein Leckerli in den Becher legen, und schießen Sie es in den Raum. Wahrscheinlich ist er anfangs etwas verdutzt, wird das Spiel aber schon bald lustig finden.
3. Zielen Sie nie direkt auf Ihren vierbeinigen Mitspieler. Am besten, er sitzt jedes Mal neben Ihnen.
4. Als Variante können Sie ihn einen Ball in den Becher apportieren lassen.
5. Je nach Temperament und Vorlieben Ihres Hundes bekommt er dann zur Belohnung ein Leckerli – oder Sie schießen den Ball gleich wieder weg, damit er ihn erneut apportieren kann.
6. Noch schwieriger werden beide Spielvarianten, wenn Ihr Ball- oder Leckerlijäger immer erst dann hinterherhechten darf, wenn das Objekt der Begierde schon geflogen, gelandet und ruhig liegen geblieben ist. Also immer erst, nachdem er brav neben Ihnen im „Sitz" oder „Platz" auf Ihr „Okay" wartete.

Variante für ganz Pfiffige!

Legen Sie ein Leckerli auf den Boden, das Ihr Hund auf Ihr „Bring" erst in den Becher legen muss. Natürlich bekommt er es dann zur Belohnung auch noch durchs Zimmer geschossen … und dann darf er es auch endlich vernaschen. Am besten üben Sie zunächst mit einem nicht allzu begehrten oder sehr großen Keks und belohnen dafür mit Wurst aus Ihrer Hand.

7. **Wichtig:** Lassen Sie Kinder damit nie alleine mit einem Hund spielen! Und der Ball sollte entweder so groß sein, dass Ihr Hund ihn erst gar nicht verschlucken kann, oder so klein, dass es nicht schlimm wäre, wenn es aus Versehen passieren sollte. Denn verschluckte zu große Plastikgegenstände können Darmverschluss hervorrufen. Meine Border Collies spielen sehr gerne mit sehr kleinen Flummis, die nur so groß wie kleine Murmeln sind, und haben noch nicht einen davon verschluckt.

▼ **Auch** vorsichtige Kinder haben großen Spaß an dem Spiel, da sie keinen Kontakt zum Hundemaul haben.

Entchen angeln *Köpfchen in das Wasser, ...*

Die Aufgabe:

Ihr Hund soll schwimmende Plastik- oder Gummitiere aus einer Wasserschüssel fischen.

Für wen? *1 Mensch + 1 Hund*

Welche Hilfsmittel? *Schwimmfähige Apportiergegenstände, Wasserschüssel*

Voraussetzungen? *Apportieren (siehe Seite 24/25)*

Schritt für Schritt:

1. Lassen Sie Ihren Hund zunächst einen der Gegenstände ganz normal vom Boden aufheben und sich bringen und belohnen Sie ihn dafür.
2. Legen Sie den Gegenstand nun in die ein bis zwei Zentimeter hoch mit Wasser gefüllte Schüssel und fordern Ihren Hund erneut auf, Ihnen den Gegenstand zu bringen.
3. Klappt dies gut und Ihr Hund hat auch keine Berührungsängste mit dem feuchten Nass, können Sie mehr und mehr Wasser in die Schüssel gießen. Je höher der Wasserspiegel ist und je schwerer die Tierchen sind und somit tiefer im Wasser liegen, umso schwieriger wird es. Haben Sie schon mal versucht, einen Apfel nur mit Ihren Zähnen aus einer Wasserschüssel zu fischen?

Mögliche Varianten:

1. Nehmen Sie weitere Enten oder andere schwimmende Gegenstände hinzu.
2. Stellen Sie eine zweite Schüssel daneben und lassen Ihren Hund die Tierchen von der einen in die andere Schüssel setzen.
3. Beschriften Sie die Enten von unten wie beim Entchenangeln auf Jahrmärkten mit 1, 2 oder 3. Diese Punkte bedeuten, Ihr Hund bekommt zur Belohnung 1, 2 oder 3 Leckerchen – je nachdem, welche Ente er bringt. Ein Riesenspaß für Kinder.
4. Schreiben Sie unterschiedliche Tricks und Übungen auf die Enten, die Ihr Angler immer erst ausführen muss, bevor er eine Belohnung bekommt.
5. Verstecken Sie Futter zwischen den Enten, nach denen Ihr Hund suchen muss. Es gibt schwimmende Leckerlis und solche, die untergehen. Beginnen Sie auch hier mit ein bis zwei Zentimetern Wasser in der Schüssel. Manche Hunde machen lustige Blubberbläschen beim Tauchen.

▶ **Diese** Entchen dürfen gejagt werden ...

▼ **Köpfchen** aus dem Wasser,
Entchen in die Höh'!

Buchstabensalat *Scrabble mit Hund*

Die Aufgabe:

Ihr Hund wählt mit einer oder beiden Pfoten mehrere Buchstaben aus, aus denen Sie Wörter bilden.

Für wen? *1 Mensch + 1 Hund oder mehrere Menschen / Kinder und Hunde*

Welche Hilfsmittel? *Buchstaben-Puzzleteile oder mehrere Zettel mit Buchstaben darauf*

Voraussetzungen? *Apportieren (siehe Seite 24/25) oder Pfötchen geben (siehe Seite 46/47)*

Scrabble für zarte und smarte Apportierer

Mit Hunden, die Gegenstände sehr vorsichtig ins Maul nehmen, können Sie auch gleich loslegen mit Scrabble – ohne vorher „Touch" zu üben. Statt sich draufzustellen, fordern Sie die Hunde nun reihum auf, Ihnen jeweils einen Buchstaben zu bringen, bis jeder Mitspieler eine zuvor bestimmte Anzahl hat. Wer daraus das längste Wort bilden kann, hat gewonnen.

Schritt für Schritt:

1. Legen Sie einen der Buchstaben auf Ihre offene Handfläche und fragen Sie das Pfötchengeben ab. Sobald Ihr Hund den Buchstaben mit der Pfote berührt = 👍. Das neue Signal dafür, das Sie ab jetzt dazu sagen, ist „Touch" oder „Target". Denn „Pfötchen" soll weiterhin das Berühren der Hand mit der Pfote bedeuten.

2. Halten Sie den Buchstaben dann auch mal nur mit zwei Fingern vor ihn hin. Sobald er ihn mit der Pfote berührt = 👍.

3. Legen Sie den Buchstaben nun knapp vor oder neben Ihren Hund auf den Boden und sagen Sie auffordernd „Touch". Ihre Hände nehmen Sie währenddessen am besten auf den Rücken, damit er die beiden Übungen nicht verwechselt und Ihre Hände sucht. Schauen Sie dabei nicht in die Augen Ihres Hundes, sondern auf den Gegenstand am Boden. Sobald er ihn mit der Pfote berührt = 👍. Klappt es nicht, gehen Sie einen Trainingsschritt zurück und nehmen den Gegenstand noch mal in die Hand.

4. Sobald Ihr Hund mit Freude auch zu weiter entfernt liegenden Buchstaben läuft und sie kurz berührt = 👍. Sollte er danach direkt zu Ihnen kommen wollen, um seine Belohnung abzuholen, führen Sie ihn mit dem versprochenen Leckerchen vor der Nase erst zurück auf den Buchstaben, bis er mit mindestens einer Pfote ruhig darauf steht und lassen das Leckerli dann erst los.

5. Noch während er kaut, geben Sie gleich nochmal 👍 und wiederholen das Wort „Touch". So versteht er mit der Zeit, dass er wenn Sie ihn später mit „Touch" in ein Feld mit mehreren Buchstaben geschickt haben, auf einem Buchstaben (Target) ruhig stehen bleiben und dort warten soll, bis 👍 und die Belohnung kommt.

▶ „Ich nehme ein U!"

Ringelpietz Ringwurfspiel und Ringepyramide

Die Aufgabe:

*Ihr Hund darf Ringe apportieren und auf ein
Ringwurfspiel legen.*

Für wen? *1 Mensch + 1 Hund*

Welche Hilfsmittel? *Ringwurfspiel,
Ringepyramide, alternativ Tauchringe und Holzstab*

Voraussetzungen? *Apportieren (siehe Seite 24/25)*

Schritt für Schritt:

1. Nehmen Sie einen einzelnen Stab des Spiels in Ihre
Hand und fordern Sie Ihren Hund zum Apportieren
eines Ringes auf. Wenn er damit zu Ihnen kommt,
fädeln Sie den Stab mit einer geschickten Handbewegung durch den Ring und sagen „Aus". Sobald
der Ring an Ihrem Handgelenk baumelt = 👍. Benennen Sie die Übung zum Beispiel mit „Auflegen".

2. Nach einigen Wiederholungen stecken Sie den Stab
in das eine Ende der beiden Hälften des Spiels und
halten diese mit der Hand in der Nähe des Stabes
fest. Zunächst wird Ihr Hund die Nähe Ihrer Hand
suchen und den Ring dort ablegen wollen.

3. Leichter fällt es ihm, wenn Sie das Spiel anfangs
vor sich halten, später dann wie einen verlängerten
Arm seitlich von Ihnen weg. Immer wenn Ihr Hund
den Stab trifft = 👍.

4. Sollte der Ring zu Boden fallen, fordern Sie ihn mit
„Bring" und „Auflegen" auf, es nochmal zu probieren – helfen Sie ihm beim 2. oder 3. Versuch ruhig
ein wenig durch Entgegenkommen mit dem Stab.
Sobald der Ring hängenbleibt = 👍.

Variante für Tüftler

Es eignen sich auch Ringepyramiden für Babys
und Kleinkinder. Je nach Bauart der Pyramide
werden die Ringe und ihr Innendurchmesser
immer kleiner und das Spiel schwieriger. Geben
Sie Ihrem Hund den jeweils nächsten passenden
Ring. Ihr Vierbeiner muss nun sehr geschickt
sein, damit es klappt. Erst recht, wenn die Ringe
bauartbedingt exakt waagerecht aufgelegt
werden müssen.

5. Bauen Sie das Spiel ganz zu einem Kreuz zusam-
men und knien Sie sich damit auf den Boden. Lassen Sie Ihren Ringejongleur erneut apportieren,
schauen Sie ihm nicht in die Augen, sondern auf
das Spiel vor Ihnen. Helfen Sie immer weniger.

6. Stellen Sie das Spiel nun auf den Boden und immer
weiter weg von Ihnen. Deuten Sie in die Richtung
des Spiels oder halten Ihre Hand kurz in die Nähe
eines Stabes. Sagen Sie „Auflegen" und „Aus" und
ziehen Ihre Hand geschickt zur Seite, sodass der
Ring möglichst über den Stab rutscht.

▼ **Mogli** versucht, den Ring möglichst dicht zur Hand zu bringen.

Fußball spielen *Schieß ein „TOR"!*

Die Aufgabe:

Treibball fürs Wohnzimmer – Ihr Hund schubst einen Ball mit der Nase in ein Tor.

Für wen? *1 Mensch + 1 Hund*

Welche Hilfsmittel? *1 Ball und 1 Tor oder Ziel*

Voraussetzungen? *Keine*

▲ Stups. „Mach' ich das so richtig?"

Schritt für Schritt:

1. Halten Sie Ihrem Hund einen Ball vor die Nase – dies kann ein Kinderfußball oder ein kleiner Gymnastikball sein. Es sollte ein Ball sein, mit dem er bisher noch nicht apportiert hat. Denn dann würde er Ihnen vermutlich anbieten, den Ball ins Maul zu nehmen. Wählen Sie gegebenenfalls einen größeren aus.

2. Das erste Interesse, und wenn es nur der Blick in Richtung Ball und noch gar kein Berühren ist, bestätigen Sie = 👍.

3. Nun verlangen Sie von Mal zu Mal etwas mehr Aktivität von Ihrem Hund und bestätigen jegliches Verhalten in die richtige Richtung jeweils mit = 👍. Dazu zählen Annähern, Beschnuppern, Anstupsen und immer festeres Stupsen. Dies benennen Sie jedes Mal mit dem neuen Signal „Stups".

4. Klappt dies immer zuverlässiger und auf Ihr Signal hin, so legen Sie den Ball nun vor Ihren Hund auf den Boden. Für jedes Anstupsen folgt wieder = 👍.

5. Bei einer der nächsten Übungseinheiten bestätigen Sie nicht sofort nach dem ersten Stupsen, sondern warten einen Moment, schauen dabei den Ball an und fordern Ihren Hund erneut mit „Stups" auf, den Ball ein zweites Mal zu berühren. Dann erst folgt = 👍.

6. Bestätigen Sie Ihren Hund jetzt unregelmäßig, mal nach zweimal, mal nach dreimal stupsen in Folge oder nach einem besonders festen Anstupsen.

7. Legen Sie den Ball nun knapp vor ein Tor oder ein anderes für ihn gut sichtbares Ziel. Sobald er den Ball dort hineinschubst, freuen Sie sich riesig und jubeln „TOR"! Und geben Ihm natürlich eine besonders gute Belohnung. Vergrößern Sie langsam die Distanz.

Was tun, wenn's nicht gleich klappt?

Ihr Hund hat so gar keine Idee und stupst den Ball einfach nicht an? Dann legen Sie den Ball auf eine kleine Futterschüssel, in die Sie vor seinen Augen ein Leckerchen gelegt haben, und den Ball oben drauf.

▲ **Lucrecia** rollt einen leeren Futterball ins TOOOR!!!

Allerlei

Trickreiches

In diesem Kapitel dreht sich alles um wohnzimmertaugliche Tricks. Dazu zählen beliebte Klassiker und Varianten, einfache und lustige, aber auch ein paar schwierigere Tricks, die Sie ein Weilchen üben müssen. Für die meisten brauchen Sie keinerlei Requisiten – nur Ihren Hund, ein paar Leckerlis und gute Laune. Wozu das alles gut sein soll, fragen Sie sich? Ihrem Hund ist es herzlich egal, ob Sie ihm das obligatorische Sitz, Platz und Komm oder Pfötchen geben und die Rolle beibringen. Für ihn macht das keinen Unterschied. Aber für uns! Beim Üben von Tricks sind wir meist wesentlich entspannter und lachen auch mal, wenn etwas nicht auf Anhieb klappt. So lernt Ihr Hund viel schneller und mit Freude – Sie werden sehen! Üben Sie Sitz und Platz ruhig auch mal so, als wäre es „nur" ein Trick!

Guten Tag! *Pfötchen geben*

Die Aufgabe:

*Der Klassiker unter den Tricks, der auch
Nichthundebesitzern immer wieder Freude macht.*

Für wen? 1 Mensch + 1 Hund

Welche Hilfsmittel? Keine

Voraussetzungen? Keine

Ihr Hund will seine Pfoten einfach nicht anheben?

Krabbeln Sie ihn an der hinteren Seite seiner
Pfote, kitzeln Sie ihn an den Zehen oder
dazwischen oder schieben Sie einen Finger
seitlich unter seine Ballen. Sie können auch Ihre
Hand von oben auf seine Zehen legen und diese
leicht zu Boden drücken. Es wird etwas geben,
was ihm unangenehm ist, sodass er seine Pfote
von sich aus vom Boden abhebt.

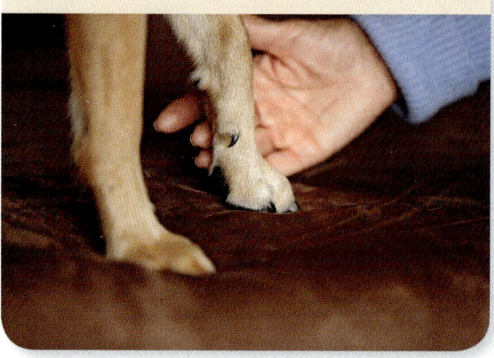

Schritt für Schritt:

1. Knien Sie sich vor Ihren sitzenden Hund. Legen
   Sie die Belohnungen hinter oder neben sich auf
   einen Tisch, damit Sie leere Hände haben. Greifen
   Sie erst nach Ihrem 👍 danach.

2. Streichen Sie Ihrem Vierbeiner mit den Fingern an
   seinem Bein entlang. Oft sind Hunde kitzelig und
   ziehen ihre Pfote daher kurz weg.

3. In dem Moment, in dem Ihr Vierbeiner seine Pfote
   kurz vom Boden abhebt: 👍.

4. Beim nächsten Mal versuchen Sie durch geschick-
   tes Drehen Ihrer Hand mit der offenen Handfläche
   eine Sekunde lang von unten Kontakt zu seinen
   Pfotenballen zu halten = 👍.

5. Wiederholen Sie das Ganze mehrfach mit dem
   Ziel, jedes Mal ein bisschen länger den Kontakt zu
   halten, indem Sie seiner Pfotenbewegung folgen.

6. Versuchen Sie ihm nach 👍 das Leckerli möglichst
   zu geben, während die Pfote noch auf Ihrer Hand
   ruht, halten Sie sie aber nicht fest.

7. Sobald Ihr Hund sein Leckerli hat und kaut, wird
   er die Pfote ruhiger halten.

8. Schon bald wird er sie immer länger und gerne
   auf ihrer Hand liegen lassen und auf 👍 warten.
   Beginnen Sie beiläufig immer wieder, Ihr neues
   Signal für das Pfote geben zu sagen.

9. Halten Sie Ihre Hand nun nur noch in die Nähe
   seiner Pfote und sagen Sie Ihr Signal. Warten Sie
   einen Moment, ob er selbst schon auf die richtige
   Idee kommt. Wenn nötig, helfen Sie ihm kurz auf
   die Sprünge und tippen mit dem Finger leicht an
   sein Beinchen.

10. Es wird nicht lange dauern, bis er sein Pfötchen
    von alleine hebt, sobald sich Ihre Hand nur nä-
    hert.

11. Legt er sie das erste Mal aktiv in Ihre Hand? Bingo!

▶ „Guten Tag! Bekomme ich jetzt einen Keks?"

Gib mir Fünf und Winken ... uuuuund Tschüss

Die Aufgabe:

Die Pfote höher heben als beim Pfote geben und in Ihre Hand zum „Gib mir Fünf" einschlagen und Winken oder Tschüss sagen.

Für wen? *1 Mensch + 1 Hund*

Welche Hilfsmittel? *Keine*

Voraussetzungen? *Pfote geben (siehe Seite 46/47)*

▲ „Das haben wir toll gemacht. Gib mir Fünf!"

Schritt für Schritt:

Bisher gibt Ihr Hund „Pfote", wenn Ihre Handfläche mit den Fingerspitzen nach unten zu ihm zeigt. Bei „Gib mir Fünf" soll er Ihre Hand auch dann mit seiner Pfote berühren, wenn Sie sie ihm mit den Fingerspitzen nach oben hinhalten. Diese Geste bedeutet bei vielen jedoch „Stopp", „Warte" oder „Bleib". Daher wird Ihr Vierbeiner dies vermutlich nicht auf Anhieb tun – auch wenn Sie das inzwischen gelernte Signal „Pfote" zu ihm sagen. Mit einem kleinen Trick lernt er es dennoch ganz schnell.

1. Stellen Sie sich das Ziffernblatt einer Uhr vor. Zu Beginn zeigen die Fingerspitzen, wenn Sie „Pfote" sagen, wie bisher nach unten auf sechs Uhr.
2. Beim nächsten Mal, wenn Sie Ihre Hand hinhalten, drehen Sie sie leicht, sodass die Fingerspitzen nun auf fünf Uhr zeigen, dann auf vier Uhr, drei Uhr usw.
3. Sobald dies auch klappt, wenn Ihre Fingerspitzen nach oben zeigen, beginnen Sie, Ihr neues Signal dazu zu sagen, zum Beispiel „Gib mir Fünf".
4. Markieren Sie mit 👍 immer genau den Moment, in dem die Pfote dort oben Ihre Hand trifft. So wird er das Hand- und Wortsignal schon bald verknüpfen.
5. Sobald Ihr Hund „Gib mir Fünf" sicher kann, können Sie daraus einen weiteren Trick formen: das Winken. Dabei soll Ihr Hund lernen, auf eine passende Handgeste wie Öffnen und Schließen Ihrer Finger, Hin- und Herbewegen Ihrer Hand oder das Wort-Signal „Winke-winke" mit einer Pfote in der Luft zu rudern.

▶ **Netter Hund.** Mogli verabschiedet sich immer ganz höflich ...

„Winke-winke!"

Ziehen Sie Ihre Hand nun kurz bevor Ihr Hund sie mit der Pfote oben treffen kann, kurz zurück und halten sie dann gleich wieder hin, sodass er erst ins Leere greift und dann nochmal nachrudert = 👍. Dabei ist punktgenaues Timing sehr wichtig, damit er möglichst schnell begreift, dass es nun ums in der Luft rudern und nicht mehr um das Treffen Ihrer Hand geht.

High Ten *Doppelt abgeklatscht*

Die Aufgabe:

Beim Trick „High Ten" steht Ihr Hund auf den Hinterpfoten und klatscht mit beiden Vorderpfoten Ihre Hände ab.

Für wen? *1 Mensch + 1 Hund*

Welche Hilfsmittel? *Keine*

Voraussetzungen? *Gib mir Fünf (siehe Seite 48)*

Tipps & Tricks

Mit dem Clicker zu arbeiten ist hier eher schwierig, da Sie für die Übung ja beide Hände benötigen. Sie können jedoch einen Button-Clicker verwenden, den Sie mit den Zähnen betätigen oder unter einen Fuß legen können, um zu klicken. Oder Sie benutzen ein Klickwort. Eine weitere Alternative wäre, einen Helfer zu bitten, im richtigen Moment für Sie zu klicken.

Schritt für Schritt:

1. Beginnen Sie wiederum mit dem Trick „Gib mir Fünf", nur dass Sie diesmal 👍 immer länger hinauszögern. Dadurch bestätigen und belohnen Sie Ihren Hund für immer längeres mit der Pfote an der Hand Bleiben.

2. Zieht Ihr Vierbeiner seine Pfote zu früh zurück, sagen Sie traurig „Schade" – und fordern ihn auf, es nochmals zu versuchen. Bestätigen und belohnen Sie ihn beim nächsten Mal etwas früher.

3. Nun muss Ihr Hund lernen, auch dann mit der Pfote an der Hand „kleben" zu bleiben, wenn Sie diese nach rechts, links, unten oder oben bewegen oder Druck dagegen ausüben. 👍 nicht vergessen!

4. Wenn Sie Ihre Hand immer weiter nach oben bewegen können und Ihr Pfotenkünstler dranbleibt, wird er irgendwann mit der zweiten Pfote den Bodenkontakt verlieren. Diesen Moment nutzen Sie, um geschickt Ihre zweite Hand unter diese Pfote zu halten und ihm damit eine Möglichkeit zu geben, sich abzustützen, was er dankend annehmen wird. Auch hier wieder 👍 nicht vergessen.

5. Lässt er sich nicht hochdrücken, tippen Sie mit der zweiten Hand das untere Bein kurz an und sagen auffordernd „Pfote". Halten Sie die zweite Hand dann daneben und immer etwas höher, bis er von selbst mit beiden Pfoten Ihre Hände sucht, sobald Sie beide auf gleiche Höhe vor ihn halten.

6. Das neue Signal für diesen Trick könnte „High Ten" heißen. Oder Sie klatschen zuvor jedes Mal in Ihre Hände, bevor er abklatscht.

7. Richten Sie sich mehr und mehr auf, bis Sie – je nach Hundegröße – vor Ihrem Hund stehen können und er auf die Hinterpfoten hochgeht, um Ihre Hände treffen zu können.

▶ „Wer ist größer:
Du oder ich?"

Aller guten Dinge sind drei Rolle & Co.

Die Aufgabe:

Ihr Hund lernt, sich über die Seite zu rollen. Auf dem Weg dahin lernt er gleich noch zwei weitere Tricks …

Für wen? *1 Mensch + 1 Hund*

Welche Hilfsmittel? *Keine*

Voraussetzungen? *Pfote geben (siehe Seite 46/47)*

Vielleicht haben Sie schon mal versucht, Ihrem Hund die Rolle durch Futterlocken beizubringen? Die meisten Hunde werden dabei hektisch und versuchen nur, irgendwie das Leckerchen zu erhaschen. Und fehlt die lockende Hand, rollen sie sich wieder nicht.

Auf die hier beschriebene Art und Weise lernt Ihr Hund Körpergefühl zu entwickeln, sich langsam und bewusst zu rollen, und zwar ohne sich im Rücken zu verdrehen. Das Beste: Auf dem Weg dahin können Sie gleich noch zwei weitere goldige Tricks einstudieren: „leg dich schlafen" und „Hands up". Denn wenn Ihr Hund die „Rolle" erstmal kann, wird es schwieriger, ihm beizubringen, dass er nach einer Viertel- beziehungsweise halben Drehung nochmal stoppen soll.

▲ **Belohnen** Sie immer nur dann, wenn der Kopf Ihres Hundes dabei am Boden liegt.

Schritt für Schritt: „Schlafen"

1. Setzen Sie sich zu Ihrem Hund auf den Boden – am besten, wenn er bereits etwas müde ist und sowieso liegen möchte.
2. Sollte er im klassischen „Platz" liegen, so streicheln Sie ihn an der Seite und unten am Bäuchlein, bis er sich entspannt auf die Seite rollt.
3. Streicheln Sie weiter, geben anfangs aber noch kein Leckerchen! Sonst wird er vermutlich gleich wieder aufspringen wollen. Sagen Sie einfach nur sehr ruhig ein Lobwort und Ihr neues Signal „Schlafen".
4. Greifen Sie dann ganz ruhig nach einem Leckerchen. Hebt er dabei den Kopf, sagen Sie erneut „Schlafen". Legt er ihn noch nicht selbst wieder ab, führen Sie seinen Kopf mit dem Leckerchen vor der Nase wieder runter zum Boden und geben es ihm erst dann. Schon bald wird er verstanden haben.

▲ **Pfote geben** im Liegen.

▲ **„Hands up"** – und zur Rolle fehlt nur noch ein kleines Stück.

Schritt für Schritt: „Hands up"

1. Legt Ihr Hund sich auf Ihr Signal „Schlafen" inzwischen alleine wie gewünscht auf die Seite und bleibt ruhig liegen, fordern Sie ihn im Liegen auf, Ihnen die Pfote zu geben.
2. Wo rudert er mit der Pfote in der Luft? Halten Sie Ihre Hand dort ganz in die Nähe, sodass er treffen kann. Denn es ist gar nicht so leicht für ihn, das im Liegen zu koordinieren.
3. Halten Sie Ihre Hand nun jedes Mal ein paar Zentimeter höher. Immer wenn er trifft = 👍, bis er ganz auf dem Rücken liegt, Ihre über ihn gehaltene Hand berührt und gelernt hat, sich auszubalancieren. Als Wortsignal sagen Sie dazu „Hands up".
4. Dann halten Sie Ihre Hand noch etwas höher, bis er nicht mehr drankommen kann. Bestätigen Sie ihn, wenn er seine Pfoten nach oben reckt und ganz ruhig so liegen bleibt.

Schritt für Schritt: die „Rolle"

1. Bis zur Rolle fehlt jetzt nur noch ein kleines Stück. Wichtig ist, dass Sie, falls Ihr Hund zuvor beim Üben von „Hands up" mal das Gleichgewicht verloren und die Rolle schon vollendet hat, dies noch nicht belohnt haben. Sonst kommt er beim Lernen von „Hands up" durcheinander.
2. Sobald das Signal für „Hands up" nach einigen Tagen verinnerlicht ist, lassen Sie Ihren Hund sich noch mal „schlafen" legen. Fordern Sie ihn dann erneut mit Ihrer Handbewegung zum „Hands up" auf. Machen Sie diesmal aber eine etwas schwungvollere Bewegung, sodass er über den Scheitelpunkt hinwegrollt und mit den Pfoten auf der anderen Seite landet.
3. Und da ist sie schon: die Rolle! Belohnen Sie ihn freudig und sagen Sie beim weiteren Üben immer wieder das neue Signal: „Rolle".

Hopp-la! *Der Sprung durch die Arme*

Die Aufgabe:

Ihr Hund lernt, durch Ihre Arme hindurchzuspringen, sobald Sie sie zu einem Kreis formen und „Hopp" sagen.

Für wen? *2 Menschen + 1 Hund*

Welche Hilfsmittel? *Keine*

Voraussetzungen? *Keine*

Tipps & Tricks

Ihr Hund schummelt sich an den Armen vorbei? Bitten Sie Ihre Hilfsperson, sich mit einem Bein ganz dicht an Ihren Armkreis zu stellen. Sie können den freien Raum unter Ihren Armen auch mit einem Handtuch oder einer Decke zuhängen und den Armkreis so anfangs auch etwas vergrößern. Nun kann Ihr Springfloh gar nicht mehr anders, als durch die Arme zu hüpfen.

Schritt für Schritt:

1. Am schönsten sieht es aus, wenn Ihr Hund von hinten durch die Arme springt und sie beide in die gleiche Richtung schauen.

2. Waschen Sie sich Ihre Hände, damit sie nicht nach Futter riechen und Ihr Hund nicht daran schnüffelt. Belohnungen bekommt er anfangs nur von Ihrer Hilfsperson.

3. Stellen oder knien Sie sich in Position und bitten Sie Ihren Helfer, Ihren Hund mit einem Leckerchen durch Ihre Arme zu locken. Er muss noch nicht springen – durchklettern gilt auch.

4. Sobald alle vier Pfoten den Armkreis passiert haben, führt der Helfer Ihren Hund mit dem Leckerchen vor der Nase in einem Bogen zurück an die Ausgangsposition und lässt es erst dort los. So steht Ihr Hund gleich wieder an der richtigen Stelle zum Weitermachen.

5. Geben Sie ihm sein Sichtzeichen für „Sitz" und stellen sich dann wieder mit Ihren zum Kreis geformten Armen genau vor ihn und sagen „Hopp". Daraufhin hilft Ihr Helfer wieder. Er soll gleich ausprobieren, ob Ihr Hund seiner Handgeste auch schon folgt und durch den Arm springt, wenn offensichtlich kein Leckerchen mehr in der Hand ist. So nimmt er bewusst den Armkreis wahr und springt bald aus freien Stücken, anstatt nur dem Leckerchen hinterherzuhechten.

6. Die Belohnung hat Ihr Helfer ab jetzt zunächst in der anderen Hand, greift dann geschickt um und lockt Ihren Hund nach erfolgtem Sprung damit zurück in die Ausgangsposition.

7. Von Mal zu Mal wartet Ihr Helfer nach Ihrem „Hopp" etwas länger und macht immer kleinere Gesten mit seiner Hand, bis Ihr Hund schon auf Ihr Signal hin von alleine durch den Armkreis springt.

▲ **Milo** schleckt an der Leberwursttube und wird damit geschickt an die Startposition zurückgeführt.

▶ Perfekt!

Füße *Mittendrin statt nur dabei!*

Die Aufgabe:

Ihr Vierbeiner soll zwischen den Beinen und auf den Füßen des Menschen mitlaufen.

Für wen? *1 Mensch + 1 Hund*

Welche Hilfsmittel? *Keine*

Voraussetzungen? *Keine*

▲ **Perle** wird gaaanz langsam in Zeitlupe vor und zurück gelockt.

Schritt für Schritt:

1. Locken Sie Ihren Hund mit einem Leckerchen von hinten zwischen Ihre Beine: 👍.

2. Mit einem weiteren Leckerchen vor seiner Nase locken Sie ihn dann in Zeitlupe gaaanz langsam in einem engen Bogen um Ihr Bein. Bei kleineren Hunden können Sie Ihre Fußspitzen vorne nach innen drehen und ihn langsam nach vorne locken.

3. Manche Hunde stehen dabei gleich zufällig mit einer Pfote auf Ihrem Fuß: 👍.

4. Sollten Sie ihn zu weit gelockt haben oder er die Pfoten über Ihren Fuß hinweg gesetzt haben, so führen Sie Ihre Hand zurück in Richtung Ihres Bauchnabels über seinem Kopf gaaanz langsam nach oben. Er wird sich recken und strecken und so jetzt eventuell auf Ihrem Fuß landen: 👍.

5. Sollte er nach vorne weglaufen, sagen Sie „Schade" und beginnen von Neuem.

6. Die eine Seite nennen Sie anfangs „Fü", die andere „ße". Versuchen Sie auch mal, beide Pfoten nacheinander auf Ihre beiden Füße zu bekommen. Helfen Sie ihm, indem Sie Ihre Füße dichter oder geschickt so neben oder hinter seine Pfoten setzen, dass er leichter trifft.

7. Nun muss er von Mal zu Mal länger auf 👍 warten. Das Leckerchen halten Sie auf Höhe Ihres Bauchnabels auf der offenen Handfläche über ihn, später ist die Hand leer. Reichen Sie ihm das Futter immer mit der anderen Hand, die ansonsten hinter Ihrem Rücken ruht – denn Futter vor der Nase lenkt ab.

8. So wird er aus der Mitte-Position, wenn Sie „Fü – ße" sagen, schon bald von alleine auf Ihre Füße aufsteigen.

▶ **Das klappt** ja schon prima! Nun kann Helga anfangen, kleine Schritte zu gehen, bis es so aussieht wie auf Seite 45.

Versteck dich *Wie macht der Vogel Strauß?*

Die Aufgabe:

Auf das Signal „Versteck dich" steckt Ihr Hund seine Nase in ein Behältnis und verweilt da kurz.

Für wen? *1 Mensch + 1 Hund*

Welche Hilfsmittel? *Körbchen, Kegel o.Ä.*

Voraussetzungen? *Keine*

Wichtig!

Wenn Ihre Kinder mit Ihrem Hund „Versteck dich" üben, dann achten Sie darauf, dass sie dies nur mit Gegenständen machen, in denen der Kopf Ihres Hundes nicht steckenbleiben kann. Es sollten zudem Materialien sein, die nicht luftdicht sind, damit er auch darin atmen kann. Ansonsten bohren Sie in die Spitze des Behältnisses sicherheitshalber ein Loch.

Schritt für Schritt:

1. Lassen Sie vor den Augen Ihres Hundes ein Leckerli in einen geeigneten Gegenstand plumpsen.

2. Halten Sie ihm das Behältnis hin. Wenn er mit der Nase darin abtaucht, um an das Leckerchen zu kommen, markieren Sie das Verhalten in genau diesem Moment mit 👍 und sagen zudem Ihr zukünftiges Signal – zum Beispiel „Versteck dich".

3. Lassen Sie ihn im Sitzen warten, während Sie wieder ein Leckerchen im Behältnis verstecken. Fordern Sie ihn dann mit „Versteck dich" auf, es sich zu holen. Immer in dem Moment, in dem die Nase darin verschwindet: 👍. Nach dem Abtauchen gibt es noch ein Leckerchen aus Ihrer Hand.

4. Die nächsten Male tun Sie nur so, als hätten Sie etwas versteckt, geben Ihr Signal und sobald die Nase abtaucht: 👍. Ab jetzt gibt es Leckerchen nur noch im Anschluss aus Ihrer Hand.

5. Bestätigen Sie ihn nun mal nicht gleich nach dem ersten Abtauchen, sondern fordern ihn mit „Versteck dich" auf, die Nase noch einmal in das Behältnis zu stecken. Erst dann folgt 👍.

6. Bei den weiteren Übungssequenzen bestätigen Sie ihn immer dann, wenn die Nase ein bisschen länger drin war als zuvor. So hält er die Position mit der Zeit immer länger.

7. **Variante:** Wenn Sie das Behältnis nun noch unter eine sandfarbene Decke stecken und Ihren Hund statt „Versteck dich" als Signal fragen: „Wie macht der Vogel Strauß?", haben Sie eine neue lustige Variante, mit der Sie Ihre Zuschauer sicher zum Lachen bringen.

▶ **Eins,** zwei, drei, vier, Eckstein.
Die Nase muss versteckt sein ...

Skateboard fahren *Gassi gehen war gestern ...*

Für wen? *1 Mensch + 1 Hund*

Welche Hilfsmittel? *Skateboard*

Voraussetzungen? *Pfote geben (siehe Seite 46/47)*

Die Aufgabe:

Ihr Hund soll lernen, sich auf ein Skateboard zu stellen und damit zu fahren. Wenn man das Skateboard einfach vor den Hund stellt und ihn auffordert, es mit den Pfoten zu berühren, beginnt er meist zu pföteln und das Skateboard damit nach hinten wegzuziehen, statt nach vorne zu stoßen.

Mit einem kleinen Trick lassen Sie es erst gar nicht so weit kommen. Fragen Sie zu Beginn klassisch das Pfötchengeben ab: 👍. Legen Sie sich dann das Skateboard auf Ihren Unterarm und halten Ihre andere Hand auf das Board. Fragen Sie so erneut das Pfötchengeben ab. Wenn Ihr Hund seine Pfote nun auf Ihre auf dem Board ruhende Hand legt: 👍.

Beim nächsten Mal ziehen Sie Ihre Hand, kurz bevor die Pfote Ihre Hand berührt, geschickt zurück, sodass er nun stattdessen das Skateboard trifft: 👍.

Benennen Sie den Moment des Berührens des Bretts mit der Pfote mit einem neuen Signal, zum Beispiel „Skaten". Denn wenn Sie weiter „Pfote" sagen, verwirrt das Ihren Hund im weiteren Verlauf, da „Pfote" für ihn bisher das Berühren Ihrer Hände hieß – und das soll ja auch so bleiben.

Schritt für Schritt:

1. Halten Sie Ihrem Rennfahrer in spe nun das Skateboard wieder entgegen und sagen Ihr neues Signal „Skaten". Hebt er sofort die Pfote und patscht auf das Brett: 👍. Ansonsten helfen Sie nochmal mit einer kleinen Geste Ihrer Hand. Nach einigen Wiederholungen wird er auf Ihr Signal „Skaten" sogleich das Skateboard mit der Pfote berühren.

2. Stellen Sie das Spielgerät nun vor ihn auf den Boden und sagen erneut Ihr Signal.

3. Berührt er es auch dort mit der Pfote: 👍.

4. Achten Sie aber darauf, dass Sie ihn nie bestätigen, wenn er es dabei zu sich herangezogen hat. Er muss es zum Fahren nach vorne von sich wegschieben. Das passiert meist automatisch, wenn Ihr Hund aus der Bewegung heraus eine Pfote auf das Skateboard setzt.

5. Lassen Sie Ihren Hund daher im nächsten Schritt in ein bis zwei Metern Abstand sitzen und warten, klatschen Sie mit Ihrer Hand vor seinen Augen kurz auf die Trittfläche des Skateboards und stellen es dann wieder auf den Boden.

6. Gehen Sie zu ihm und stellen sich neben ihn.

7. Nehmen Sie Ihre Hände auf Ihren Rücken, damit ihn diese nicht vom Skateboard ablenken.

8. Schauen Sie nicht ihn an, sondern nach vorne auf das Skateboard. Gehen Sie langsam mit ihm los in Richtung Skateboard und sagen, kurz bevor er es erreicht, auffordernd „Skaten". Sobald er es berührt und es die ersten Zentimeter vorwärtsrollt, loben Sie ihn genau in dem Moment, in dem er kurz fährt: 👍.

9. Zögern Sie 👍 nun immer länger hinaus, sodass er auch mal erneut auf das Skateboard steigt und es immer weiter schiebt.

▼ „Und wenn ich groß bin,
werde ich Rennfahrer!"

Back up *Der Handstand*

Die Aufgabe:

Ihr Hund lernt, bewusst mit den Hinterpfoten rückwärts auf Gegenstände zu steigen.

Für wen? *1 Mensch + 1 Hund*

Welche Hilfsmittel? *Dicke Bücher, Bretter, stabile Kiste*

Voraussetzungen? *Keine*

▲ **Bis** der Handstand an einer Wand so toll klappt, musste Merlin fleißig üben.

Schritt für Schritt:

1. Legen Sie ein langes Brett oder größeres Buch auf den Boden.

2. Führen Sie Ihren Hund mit einer Handgeste oder einem Leckerli vorwärts über das Hindernis. Sobald er mit den Vorderpfoten wieder am Boden und mit den Hinterpfoten noch oben steht, stoppen Sie ihn: 👍.

3. Führen Sie ihn erneut hinauf, und wenn er wieder nur mit den Hinterpfoten oben steht, sagen Sie Ihr neues Signal – zum Beispiel „Back up". Wiederholen Sie Ihr Signal und 👍 dabei mehrfach.

4. Animieren Sie ihn, ein paar Zentimeter nach vorne zu gehen, um zum Beispiel Ihre Hand kurz mit der Nase zu berühren, sodass die Hinterpfoten kurz vor dem Hindernis unten zum Halten kommen. **Wichtig:** Locken Sie ihn möglichst nicht mit einem Leckerchen nach unten. Belohnungen gibt es nur, wenn er mit den Hinterpfoten oben steht.

5. Sagen Sie „Back up" und warten kurz, ob er bereits versucht, rückwärts wieder hochzugehen: 👍. Wenn nicht, führen Sie ihn in einem Bogen erneut von hinten heran und 👍, wenn er richtig steht.

6. Reagiert er zuverlässig auf „Back up", so erhöhen Sie von Tag zu Tag die Gegenstände, auf die er steigen soll. Es kann eine Weile dauern, bis er seine Hinterpfoten koordiniert bekommt und ohne Hilfe rückwärts turnt. Viele Hunde haben anfangs keinerlei Gefühl für ihre Hinterhand.

7. Mit der Zeit klappt es dann auch an der Sofakante, einer breiten Kiste oder einem Stuhl vor der Wand. Helfen Sie ihm mit einer Handgeste, sich zu Beginn immer im rechten Winkel zum Gegenstand zu positionieren, bevor Sie ihn zum „Back up" auffordern.

◀ **Sandy** stupst die Hand an und sucht mit den Hinterpfoten erneut das Buch.

▶ **Ihr Sofa** eignet sich perfekt zum weiteren Üben.

Ihr Hund als
Heinzelmännchen

Wünschen Sie sich manchmal eine Hilfe im Haushalt? Dann bringen Sie Ihrem Hund doch einfach ein paar Tricks bei! Den meisten Vierbeinern macht es riesigen Spaß, eine Aufgabe zu haben, und man sieht ihnen an, wie stolz sie sind, wenn sie etwas gut gemacht haben.

Bringen Sie Ihrem Hund zum Beispiel bei, herumliegende alte Socken einzusammeln und in einen Wäschekorb zu legen oder auf eine niedrige Wäscheleine zu legen. Wenn Sie die Übungen „Meins oder deins?" (Seite 24/25) und „Ich packe in mein Körbchen" (Seite 28/29) bereits geübt haben, ist das ein Kinderspiel!

Weitere lustige Anregungen finden Sie im folgenden Kapitel. Viel Spaß beim Üben!

Besuch??? *Schnell den roten Teppich ausrollen!*

Die Aufgabe:

Besuchern wird Ihr Hund künftig den roten Teppich ausrollen und sie so herzlich willkommen heißen.

Für wen? *1 Mensch + 1 Hund*

Welche Hilfsmittel? *Kleiner Teppich o.Ä.*

Voraussetzungen? *Keine*

Wie geht es weiter?

Von Mal zu Mal legen Sie weniger bis gar keine Leckerchen mehr in die Teppichrolle. Die Belohnung bekommt Ihr Hund von Ihnen, sobald er den Teppich komplett aufgerollt hat. Oder lassen Sie Ihren Hund nach dem Aufrollen des Teppichs noch einen Trick darauf machen und der Besuch darf die Belohnung überreichen. Ihr Hund und Ihre Gäste werden begeistert sein!

Schritt für Schritt:

1. Nehmen Sie einen kleinen Teppich, einen Badezimmervorleger oder für sehr kleine Hunde ein Platz-Set.

2. Ihr Hund soll nun im Sitz oder Platz warten und Ihnen zuschauen. Wenn er zu neugierig ist und ihm das Warten schwerfällt, binden Sie ihn mit Leine und Geschirr an einem feststehenden Gegenstand fest oder bitten eine Hilfsperson, ihn festzuhalten.

3. Knien Sie sich ihm gegenüber auf den Boden und lassen ihn gespannt beobachten, wie Sie den Teppich zusammenrollen und alle paar Zentimeter ein Leckerchen darin verstecken. Machen Sie es dabei ruhig spannend: „Oohh, schau mal, was ich hier habe …"

4. Lassen Sie etwa zehn Zentimeter des Teppichs offen liegen und platzieren darauf ein Leckerchen. So hat Ihr Hund es am Anfang leichter.

5. Viele Hunde fangen rasch an zu pföteln, um schneller zum Ziel zu kommen, und zerwühlen den Teppich, wenn man nicht aufpasst. Daher sollten Sie ihm gegenüber knien und Ihre Hände rechts und links über den Teppichenden schweben lassen. So können Sie, sobald er versucht zu pföteln, den Teppich schnell festhalten und ihm zu verstehen geben, dass er es anders probieren soll. Haben Sie einen sehr ungestümen Hund, könnte ihn anfangs jemand zusätzlich von hinten am Geschirr ein wenig bremsen.

6. Kennt er schon das Signal „Stups" (siehe Seite 42/43), können Sie ihm, falls er immer wieder die Pfoten nehmen möchte, auch verbal helfen.

▲ Ronja rollt sicher schon bald auch größere
Teppiche schwungvoll aus.

Oh, ist das dunkel hier ... *Ich brauche Licht!*

Die Aufgabe:

Auf das Signal „Licht" betätigt Ihr Hund einen Schalter und schaltet das Licht ein oder aus.

Für wen? *1 Mensch + 1 Hund*

Welche Hilfsmittel? *Lampe mit Fußschalter*

Voraussetzungen? *Pfote geben (siehe Seite 46/47)*

Was tun, wenn's nicht gleich klappt?

Vermeiden Sie, Ihren Hund erwartungsvoll anzuschauen, sondern schauen Sie stattdessen auf den Schalter am Boden. Meist folgt er Ihrem Blick. Helfen Sie ihm auch nicht, indem Sie mit Ihrer Hand auf den Schalter zeigen. Die meisten Hunde sind dann irritiert und wissen nicht, ob sie den Schalter oder Ihre Hand berühren sollen. Nehmen Sie Ihre Hände daher am besten auf den Rücken.

Schritt für Schritt:

1. Fragen Sie bei Ihrem Hund zur Auffrischung das klassische Pfötchengeben ab: 👍.
2. Nehmen Sie den Schalter in die Hand, wie auf dem Foto auf Seite 63 zu sehen, und fragen Sie erneut das Pfötchengeben ab.
3. Immer, wenn Ihr Hund mit seiner Pfote den Schalter berührt: 👍.
4. Versuchen Sie, ihm das Leckerli möglichst dann zu geben, wenn seine Pfote noch auf dem Schalter in Ihrer Hand liegt. So verknüpft er die Belohnung schneller mit dem Berühren des Schalters.
5. Bald schon wird er seine Pfote heben, sobald Sie ihm Ihre Hand mit dem Schalter entgegenstrecken, auch ohne dass Sie Ihr bisheriges Signal für „Gib Pfötchen" dazu sagen müssen. Dies ist der Zeitpunkt, an dem Sie das neue Signal einführen – zum Beispiel „Licht".
6. Halten Sie Ihrem Hund Ihre Hand mit dem Schalter nun jedes Mal etwas tiefer entgegen. Immer, wenn er mit der Pfote den Schalter berührt, sagen Sie „Licht" und bestätigen ihn mit 👍.
7. Im weiteren Übungsverlauf sagen Sie „Licht", kurz bevor oder während er seine Pfote hebt – also bevor er getroffen hat.
8. Legen Sie den Schalter nun auf den Boden vor Ihren Hund und sagen auffordernd „Licht".
9. Wenn Ihr Hund den Schalter kurz mit der Pfote berührt: 👍. Wenn dabei das Licht angeht = Jackpot!!!

▶ „Ich glaube, mir geht gerade ein Licht auf ...!"

„Take it" *Halt mal schnell fest*

Die Aufgabe:

*Ihr Hund soll einen Schirm oder Besenstiel festhalten,
indem er ihn mit einer Pfote umklammert.*

Für wen? *1 Mensch + 1 Hund*

Welche Hilfsmittel? *Schirm oder Besenstiel*

Voraussetzungen? *Pfote geben (siehe Seite 46/47)*

▲ **Den Schirm** langsam immer mehr aufrichten. Bestätigt
wird nur, wenn die Pfote schön umklammert.

Schritt für Schritt:

1. Stimmen Sie Ihren Hund auf die kommende Übung ein, indem Sie wieder kurz mit dem klassischen Pfötchengeben beginnen.

2. Nehmen Sie im nächsten Schritt einen Schirm oder Besenstiel hinzu und halten ihn quer vor sich. Halten Sie eine Hand darüber und fragen Sie erneut das Pfötchengeben ab. Sobald Ihr Hund Ihre Hand, die auf dem Schirm liegt, mit seiner Pfote berührt: 👍.

3. Bei einer der nächsten Wiederholungen ziehen Sie Ihre Hand, kurz bevor er trifft, geschickt zurück, sodass er stattdessen den Schirm mit seiner Pfote berührt: 👍.

4. Schon bald wird Ihr Hund immer, wenn Sie ihm den Schirm erneut entgegenhalten, seine Pfote von alleine heben. Achten Sie nun darauf, dass er den Schirm nicht nur berührt, sondern seine Pfote nach Möglichkeit darüberhängt. Dies können Sie durch eine geschickte Bewegung des Schirms in seine Richtung unterstützen.

5. Führen Sie jetzt ein neues Signal ein – zum Beispiel „Take it" oder „Halt fest".

6. Richten Sie den Schirm nun jedes Mal ein bisschen weiter auf und bestätigen Ihren Hund nur noch, wenn er die Pfote um den Schirm herumlegt, und nicht, wenn er ihn nur mit den Fußballen berührt. Denn er soll den Schirm ja später umklammern und nicht mit der Pfote von sich wegdrücken.

7. Es wird eine Weile dauern, bis er den Schirm – auch wenn er aufrecht neben ihm steht – wie gewünscht umklammert und festhält. Denn es ist eine für einen Hund sehr untypische Bewegung. Geben Sie ihm Zeit zu verstehen, was Sie von ihm möchten.

▶ **Malouk** mit Schirm und Charme – nur
ohne Melone.

Trainingstipp

Ihr Hund muss lernen, oben mit seinem Kopf dagegenzuhalten, damit der Schirm nicht umfällt. Daher beginnen Sie am besten mit einer Vorübung. Wenn Sie einen Hund oder Menschen unerwartet schubsen oder zur Seite schieben wollen, lehnt er sich meist reflexartig dagegen. Lehnen Sie den Schirm seitlich an den Hundehals: 👍. Üben Sie von Mal zu Mal etwas mehr Druck aus, bis sich Ihr Hund dagegenlehnt: 👍.

Auf die Socken, ... *fertig, los!*

Für wen? *1 Mensch + 1 Hund*

Welche Hilfsmittel? *Socken und Leine*

Voraussetzungen? *Apportieren (siehe Seite 24/25)*

Die Aufgabe:

Sicher haben auch Sie in der Sockenschublade einzelne Socken, deren Gegenstück nicht mehr auftaucht? Jetzt haben Sie endlich eine sinnvolle Verwendung dafür! Mit diesen Socken können Sie Ihren Hund stundenlang abwechslungsreich beschäftigen und sogar ganze Verhaltensketten einstudieren.

In der Übung auf Seite 28/29 wird erklärt, wie Sie Ihrem Hund beibringen, Gegenstände in einen Korb zu legen. Genau so üben Sie mit ihm auch, Socken in einen Wäschekorb zu legen. Hier erfahren Sie, wie Sie Ihrem Hund beibringen, Socken auf eine Leine zu hängen. Und auf der folgenden Doppelseite lernt Ihr Hund, Ihnen Socken auszuziehen und frische aus einer Schublade zu bringen.

Die Einzelübungen können Sie am Ende miteinander nach Belieben zu Verhaltensketten kombinieren. Ihr Hund muss dann mehrere Einzelübungen in Folge absolvieren und bekommt erst ganz am Ende eine Belohnung. Üben Sie dabei zuerst immer den letzten Teilschritt der Kette und bestätigen diesen mit 👍. Nun setzen Sie immer mal wieder einen weiteren Teilschritt vorne dran und belohnen, sobald beide Aufgaben erfüllt wurden. Beispielsweise so: Socken aus der Waschmaschine holen und in den Korb legen. Oder Socken aus dem Waschkorb holen und auf die Wäscheleine hängen.

Schritt für Schritt:

1. Legen Sie eine Socke auf den Boden und üben Sie mit Ihrem Hund, Ihnen diese in Ihre Hand zu apportieren: 👍.

2. Spannen Sie eine Wäscheleine auf Brusthöhe Ihres Hundes. Dazu können Sie zum Beispiel die Hundeleine an einem Tischbein befestigen und das andere Ende mit einer Hand festhalten.

3. Lassen Sie Ihren Hund wieder eine Socke apportieren und halten Ihre noch freie Hand nun direkt über die Leine. Kurz bevor er die Socke in Ihre Hand legt, ziehen Sie diese ein Stück zurück, sodass die Socke auf der Wäscheleine landet: 👍.

4. Sollte die Socke beim ersten Mal daneben fallen, belohnen Sie ihn trotzdem.

5. Fällt die Socke beim nächsten Mal wieder herunter, so fordern Sie ihn mit „Bring's" auf, es erneut zu probieren und halten Ihre Hand dieses Mal geschickt direkt unter die Leine. Hängt sie diesmal? Super und 👍!

6. Haben Sie das Gefühl, Ihr Hund hat mit der Zeit eigentlich verstanden, um was es geht, ist aber oft zu übermotiviert und wirft die Socke irgendwo hin? Versuchen Sie, mehr Ruhe in die Übung zu bekommen und gehen Sie einen Lernschritt zurück.

7. Ihr Hund sollte spätestens nach jedem zweiten oder dritten Versuch Erfolg haben und eine Belohnung bekommen, damit er die Lust am Spiel nicht verliert. Helfen Sie ihm, wenn nötig, ein bisschen durch entsprechendes Halten und Entgegenkommen Ihrer Hand.

8. Schon bald wird er die Socken „ordentlich" über die Leine hängen.

Die guten auf die Wäscheleine, die schlechten ... in den Wäschekorb.

James, ... *den Wagen, bitte!*

Die Aufgabe:

Ihr Hund lernt das Signal „Zieh" und Ihnen so behilflich zu sein.

Für wen? *1 Mensch + 1 Hund*

Welche Hilfsmittel? *Zergelspielzeug, dünnes Seil, alte Socke*

Voraussetzungen? *Signal „Zieh" (siehe Seite 30/31)*

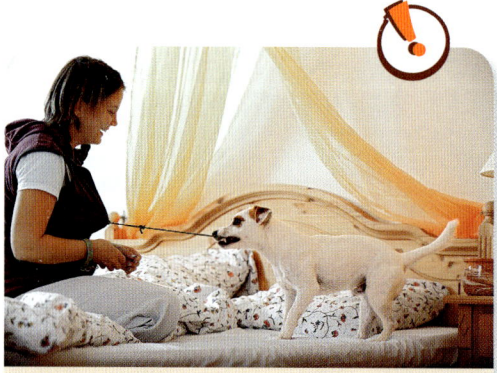

Weitere Aufgaben für Ihren Butler

„Zieh"-Spiele können Sie prima mit Apportierspielen kombinieren. Zeigen Sie Ihrem Hund, wie Sie ein Paar Socken in die Schublade legen. Fordern Sie ihn nun auf, Ihnen nach dem Aufziehen der Schublade daraus morgens ein Paar Socken ans Bett zu bringen (siehe Seite 24/25). Oder lassen Sie ihn die Socken, nachdem er sie Ihnen ausgezogen hat, in den Waschkorb bringen (siehe Seite 72/73).

Schritt für Schritt:

1. Üben Sie nochmal das Ziehen auf Signal, indem Sie Ihren Hund an einer Schnur zergeln und/oder ziehen lassen

2. Dann binden Sie die Schnur an den Griff einer Schublade und halten ihm das Ende der Schnur mit der Aufforderung „Nimm's" und „Zieh" vor die Nase. Sobald er seine Zähne kurz daran hat oder sogar zieht: 👍.

3. Es kann helfen, eine fast ebenerdige Schublade zu wählen und vor den Augen des Hundes sein Lieblingsspielzeug oder Leckerlis darin zu verstecken. Dann ist der Reiz und damit die Wahrscheinlichkeit größer, dass er sich mehr anstrengt.

4. **Wichtig:** Üben Sie an einer Schublade, in der normalerweise nichts Interessantes oder Gefährliches für Ihren Hund liegt, damit er es nicht irgendwann alleine versucht. Schubladen aufziehen darf er nur, wenn daran eine Schnur befestigt ist und Sie es ihm sagen.

5. Nehmen Sie nun eine alte, einzelne Socke, mit der Sie ein Zergelspiel machen, dabei „Zieh" sagen und Ihren Hund auch mal gewinnen lassen. Stülpen Sie die Socke dann über Ihre Faust und sagen wieder „Zieh". Berührt er dabei Ihre Hand mit den Zähnen, qietschen Sie kurz auf, damit er zukünftig besser aufpasst. Denn an den Zehen würde das später wehtun.

6. Nachdem er sie vorsichtig von der Faust zieht, können Sie die Socke über Ihren Fuß stülpen. Zuerst nur über die Zehen und später über den ganzen Fuß, und Ihr Hund zieht sie Ihnen aus.

7. Klappen beide Übungen gut, lernt Ihr Hund auch schnell, einen Reißverschluss aufzuziehen und Ihnen durch Ziehen an den Ärmelenden Ihre Jacke auszuziehen.

▶ **Auf die Plätze, fertig, ZIEH!**

Botendienste *„Sie haben Post"*

Die Aufgabe:

Ihr Hund spielt Briefträger und überbringt Ihnen oder Familienmitgliedern Nachrichten.

Für wen? *1 oder mehrere Menschen + 1 Hund*

Welche Hilfsmittel? *Kleine Nachrichten, Schuhkarton oder Postkasten*

Voraussetzungen? *Keine – ggf. apportieren (siehe Seite 24/25)*

Trara, die Post ist da …

Eine nette Variante ist die Installation eines Briefkastens in Ihrer Wohnung. Das kann auch ein alter Brotkasten sein, der auf den Sperrmüll sollte. Ihr Hund kann diesen vorne mit der Nase aufhebeln. Es tut auch ein Schuhkarton, dessen Deckel Ihr Hund anheben kann. Oder ganz modern: ein amerikanischer Briefkasten. Die Klappe daran öffnet Ihr Hund mit einem Seil (siehe Seite 30/31 und 74/75).

Ein Riesenspaß – nicht nur für Kinder. Ist Ihr Hund ein sehr zarter und vorsichtiger Apportierer, kann er Papierrollen mit dem Maul nehmen und übergeben. Ist Ihr Hund dagegen sehr ungestüm und neigt dazu, auf Gegenständen herumzukauen, so können Sie die Botschaften in einem festeren Gegenstand verpacken, den er gut tragen kann. Apportiert er überhaupt nicht gerne, so binden Sie ihm die Nachricht einfach ans Halsband. Der Empfänger der Nachricht ruft den vierbeinigen Briefträger dann mit seinem Namen zu sich.

Schritt für Schritt:

1. Die Nachricht kann Ihrem Hund entweder von einem Familienmitglied übergeben und Ihnen dann gebracht werden.
2. Sie können die Nachricht aber auch in einen Schuhkarton oder einen andersartigen „Briefkasten" stecken und ihn sich von dort bringen lassen.
3. Steigern Sie dabei langsam den Schwierigkeitsgrad.
4. Stellen Sie den Briefkasten zunächst geöffnet ganz in Ihrer Nähe auf den Boden und lassen sich daraus eine Papierrolle oder einen Briefumschlag bringen.
5. Ihr Signal dafür könnte heißen „Bring die Post".
6. Verschließen Sie den Briefkasten oder Karton jedes Mal ein bisschen mehr, bis Ihr Hund gelernt hat, ihn alleine zu öffnen und die Nachricht herauszuholen.
7. Nun können Sie sich vom Briefkasten immer weiter entfernen, bis Ihr Hund Ihnen die Nachrichten auf Ihr Signal hin auch in ein anderes Zimmer oder Stockwerk bringt.

▶ **Stille Post** mal anders …

Service

Zum Weiterlesen

- del Amo, Celina: *Spaßschule für Hunde. 100 x spielen, tricksen, clickern.* Verlag Eugen Ulmer 2009
- del Amo, Celina: *Spielschule für Hunde. 117 Tricks und Übungen.* Verlag Eugen Ulmer 2011
- del Amo, Celina: *Abenteuer für Hunde. Spiel und Spaß unterwegs.* Verlag Eugen Ulmer 2011
- Hesel, Lynn: *Apportierspiele. Dummyarbeit Schritt für Schritt.* Verlag Eugen Ulmer 2009
- Jakob, Anja: *Treibball. Vom Spiel zum Turniersport.* Kynos Verlag 2013
- Lenz, Corinna: *Hundespielzeug einfach selber machen.* Verlag Eugen Ulmer 2013
- Sondermann, Christina: *Einfach schnüffeln! Nasenspiele für den Hundealltag.* Verlag Eugen Ulmer 2011
- Sundance, Kyra: *101 Hundetricks.* Verlag Eugen Ulmer 2009
- Sundance, Kyra: *52 Tricks für junge Hunde.* Verlag Eugen Ulmer 2012
- Sundance, Kyra: *10-Minuten-Spiele für Hunde.* Verlag Eugen Ulmer 2012

Zum Weiterlernen

- *www.clickntrick.de*
  Homepage der Autorin mit Infos zu ihren Kursen, Workshops und Seminaren rund um die Beschäftigung mit dem Hund
- *www.clickermagazin.ch*
  Online-Magazin zur Faszination Clickertraining
- *www.dogdance.plusboard.de*
  Forum zum Thema Tricktraining und Dogdance
- *www.spass-mit-hund.de*
  Homepage von Christina Sondermann mit vielen Beschäftigungsideen für Hunde
- *www.dogityourself.com*
  Communityseite von Corinna Lenz mit Anleitungen zum Selbermachen von Spielzeugen und mehr für Hunde

Über die Autorin

Anja Jakob hat sich mit ihrer Hundeschule Click'n'Trick (www.clickntrick.de) auf Spiel, Sport & Spaß für Hunde mit Köpfchen spezialisiert. Zu ihren Schwerpunkten zählen neben Tricktraining, Apportier-, Denk- und Schnüffelspielen auch Treibball, Dogdance, Zughundesport und Longieren. Als Referentin gibt sie Seminare in Hundeschulen und Vereinen sowie Trainingswochen in Hundehotels.

Bildquellen

Alle Fotos und das Titelfoto stammen von Silke Klewitz-Seemann.

Haftungsausschluss

Die in diesem Buch enthaltenen Empfehlungen und Angaben sind von der Autorin mit größter Sorgfalt zusammengestellt und geprüft worden. Eine Garantie für die Richtigkeit der Angaben kann aber nicht gegeben werden. Autorin und Verlag übernehmen keine Haftung für Schäden und Unfälle. Bitte setzen Sie bei der Anwendung der in diesem Buch enthaltenen Empfehlungen Ihr persönliches Urteilsvermögen ein.

Hinweis: Der Verlag Eugen Ulmer ist nicht verantwortlich für die Inhalte der im Buch genannten Websites.

Impressum

Bibliografische Information der Deutschen Nationalbibliothek
Die Deutsche Nationalbibliothek verzeichnet diese Publikation in der Deutschen Nationalbibliografie; detaillierte bibliografische Daten sind im Internet über http://dnb.d-nb.de abrufbar.

© 2013 Eugen Ulmer KG
Wollgrasweg 41, 70599 Stuttgart (Hohenheim)
E-Mail: info@ulmer.de
Internet: www.ulmer.de

Lektorat: Antje Munk, Kathrin Gutmann
Herstellung: Ulla Stammel
Umschlagentwurf und Layout: Sojus Design / Kai Twelbeck, Stuttgart
Druck und Bindung: Westermann Druck, Zwickau
Printed in Germany

ISBN 978-3-8001-7971-8